现代苹果生产技术

XIANDAI PINGGUO SHENGCHAN JISHU

临猗县果业发展中心　编

山西出版传媒集团　山西经济出版社

《现代苹果生产技术》编辑委员会

主　　编 杨　勇

顾　　问 魏钦平　牛自勉　王雷存　畅文选　李民吉

编　　辑 刘　鹏　畅元生　王　琼　于润欣　王　盼　张　瑞

编　　委（按姓氏笔画排列）

王　丹　王　跃　王东芬　王海霞　王锐鸽　尹文强

史守华　孙建春　李新刚　杨　乐　杨　凤　杨国强

张亚学　张国红　张国强　张明娇　周永红　周国勤

赵红丽　钱　琳　谢国斌

目　录

第一章　临猗果业概述

第二章　主推品种

第三章　传统果业发展方式

第四章　现代果业产业升级

第五章　采后商品化处理技术

第六章　果园防灾减灾技术

第七章　果园病虫害防控技术

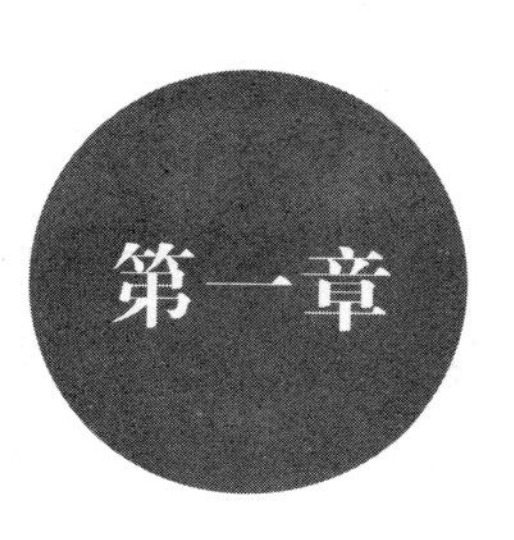

第一章 临猗果业概述

临猗县地处山西省西南部，运城盆地北沿，位居秦晋豫黄河金三角地带核心区，光照充足，昼夜温差大，平均海拔高度500—800米，年降雨量512毫米，无霜期217天，土壤肥沃，水利设施完善，不仅是中华农耕文明的发祥地之一，也是全国的优质水果产区之一。

第一节　临猗苹果产业发展历程

临猗县苹果产业大体经历了产业的兴起及探索、产业大发展、产业稳定和持续发展、产业提质增效、产业转型跨越发展5个阶段。

一、产业兴起及探索阶段

据山西省园艺学会编著的《山西果树志》第三章《山西果树栽培历史及现状》第一节《山西果树栽培历史》记载：早在1932年，大阎乡尉庄村王万年就从山东烟台引进西洋苹果红玉、倭锦国光等59株，成为全省引进苹果最早的地区。由于西洋苹果个头大、汁多，味香甜、品质优，深受广大群众欢迎，因而发展很快。1989年全县栽种果树7.7万亩（1亩≈667平方米），400多万株，主要品种有秦冠、金帅、元帅、红星、新红星、国光、富士等多个品种。

20世纪80年代初期，在临晋镇张留村小发的1.2亩矮化秦冠品种的启发和影响下，临猗县苹果产业通过老技术员栽植苹果致富的新观念有所萌生。20世纪80年代中后期，凡栽种苹果的农户皆致富，成为此阶段的新兴的万元户。而农户栽种的品种均以致富品种秦冠为主。

二、产业大发展阶段

1986年秋末冬初，北辛乡率先掀起苹果栽植热潮，推广“矮密早”（矮化、提高密度、早结果技术）苹果栽培技术，号召栽植密度由20世纪80年代前的亩栽18株发展到44株、55株，即株行距为3米×4米或3米×5米。动员倡导的栽植品种以两红两冠（红星、红富士、金冠、秦冠）为主，要求树形低平、矮冠，使之早果丰产；号召果农采用刻、拉、割、剥技术（人工改矮技术）使之早结果，早丰产，以适应当时果业生产的需要。这对农民的增产、增收起到了积极的促进作用，被当时果农称之为“苹果高产的新技术”。

1991—1995年，全国范围兴起了苹果栽植热，临猗县也以北辛乡为样本，步入栽植热的行列，此时期内相继引进了短枝型红富，全县各乡镇村均达到了人均1亩以上栽植，总面积有50万亩左右的规模。农民的年收入较20世纪80年代翻了数十倍，甚至百倍，农村经济状况得到了根本性好转。本阶段内农民有意识地成倍提高栽植密度，将亩栽株数提高到80—90株，矮化栽培密植到110株，采用2.5米×3米、2米×3米栽培，每年于萌芽前对产生枝条逐芽刀刻，加割剥措施，以提升早期产量。这种矮密早栽培计划密植为以后隔株间伐奠定了基础。

三、产业稳定和持续发展阶段

1995—2002 年，临猗县果农对部分秦冠品种进行了淘汰更新，而后引进了嘎啦系列和秦星，以及短枝花冠、烟富系列品种栽培技术，利用短枝型和矮化中间砧栽培发展，使临猗县成为全国最大的水果生产县，年产果品达 20 亿千克，总产值达 30 亿元。全县从事果业人员 35 万人，果业人均纯收入占到全县农民人均纯收入的 70% 左右，以苹果为主的果业已成为强县富民的支柱产业。

随着苹果栽培年限的延长，原乔砧密植苹果园出现了株间、行间严重交叉郁闭的现象，下部枝无光照不成花，不结果，枝条过密，果实品质差。于是2004 年山西果树研究所研究员推广了“高光效树形”技术的应用，其内容为提干、控高、拉大枝，1—2 年时间内临猗县乔砧密枝果园大多经历了树形改造，本阶段内苹果树的光照条件有所改善。

为实现农民收入普遍翻番的奋斗目标，针对临猗县的产业结构特点，临猗县委、县政府提出了“精做农业，实现由传统农业向现代农业跨越发展”的兴县战略，明确了“果品升级、果业增效、果农增收”的“三增”思路，号召全县进行果树栽培的“二次革命”，通过“政府倡导、专家指导、干部先导、示范引导”的形式，采取“强间伐、大改形、无公害、有机化”等措施，对苹果园进行改造，实施以果园间伐为核心的“阳光工程”，促进果业持续发展。

四、产业提质增效阶段

为进一步提高果品质量、增强产业竞争力、增加农民收入，全县按照“一稳定、两优化、三提高”的总体发展思路，稳定水果种植面积110万亩，优化产业布局和品种结构，提高产量品质和效益。大力实施“三改三减两推广”提质增效工程，对全县水果品种进行“去杂选优、更优换代”调整，以发展中早熟水果品种为主，如嘎啦、美八、新凉香、华冠等，优质富士为辅，在全县范围内推广“高光效”树形，改善光照条件，提高果品质量；与农科院试行“院县合作”，通过专家讲座、田间指导等为广大果农讲解改良土壤的重要性；主栽苹果的乡镇，每个乡镇都要有一个间伐或者换头的示范园；实施水肥一体化项目，提升水肥一体化技术使用率以达到减少化肥使用量的目的；采用以农业防治、物理防治、生物防治为主的绿色防控技术，推广无公害防治（灯、板、带）；大力推广苹果六大技术集成等标准化管理技术和设施栽培。

五、产业转型跨越发展阶段

2020年，临猗县紧紧抓住生产、销售两个关键，按照省委“南果”战略和市委打造“品质果业、品牌果业、诚信果业”的要求，加速果业生产由数量效益型向质量效益型转变，由劳动密集型向省工省力集约化转变。建成苹果脱毒快繁重点实验室，提高水果种苗质量，打造抗重茬、双脱毒、周期短、成本低、成活率高的国家区域良种苗木繁育基地核心区，大力推广示范园区建设，逐步形成优质果品产业集群，推动全县果业向省力省工集约化高效栽培方向发展。

第二节　临猗苹果取得的显著成效

历年来，临猗县历届县委、县政府咬定苹果产业发展不放松，持之以恒地抓，锲而不舍地建，60 年的发展历程，铸就了苹果产业发展的辉煌成绩。

一、果业发展地域优势更加明显

临猗苹果盛花期比烟台果区早15天，比甘肃静宁果区早20天，比陕西洛川早15天，比周边县市早5—7天。上市早才有价格话语权，果农紧紧抓住临猗县物候期早的特点，不断调整品种结构，使早中晚比例达到20∶25∶55。全县无公害认定面积达45万亩，国家级出口水果质量安全示范区达30万亩。农业部第一批标准化果园创建单位5个（北辛乡岭后苹果示范园、北辛乡婆儿苹果示范园、三管镇三管苹果示范园、角杯乡上豆氏苹果示范园、北景乡西陈翟苹果示范园），省级标准化生产示范园5个（临猗县大嶷山苹果示范园区、临猗县王申苹

果示范园区、临猗县北景乡西里苹果示范园区、临猗县西祁葡萄示范园区、临猗县七级樱桃示范园区），运城市标准化水果出口示范区12个，县级标准园600个，累计面积达到10万亩以上。

二、果业生产技术持续改进

在果业生产中，围绕提高农业供给体系的质量和效益，全县大力实施“三改三减两推广”（即改品种、改树形、改土壤，减密度、减化肥、减农药和激素，推广标准化栽培和推广设施栽培技术）提质增效工程，以“两大设施配套、六大技术集成”（即果园间伐、果实套袋，果园种草、无公害防治、授粉增产、铺反光膜、水肥一体化灌溉、搭建防雹网）的果园先进管理技术推广应用为抓手，同时配备物联网信息平台、土壤养分配方触摸屏、农产品残留检测等先进管理方式，实现管理科学化、标准化、精细化。新建园推广“精准施肥、一抗双脱、宽行密植、不刻芽少拉枝、成花技术、落叶技术”六新技术，全面提升果园管理水平。2012年，“临猗苹果”获得农业部地理标志认证和中国质量认证中心的良好农业规范（GAP）认证，临猗县被国家质量监督检验检疫总局授予“国家级出口水果质量安全示范区”称号。

三、果品深加工初具规模

果品销售连年递增，产业链条逐渐延伸。2017年全县共有果品深加工企业30余家，果品直接出口52175万千克。以中康果蔬开发有限公司和绵生食品有限公司为主的各企业，年可加工苹果1.3亿千克，出口产品1万吨左右。全国苹果加工产品1万吨左右，我县耽子镇苹果加工产品出口占全国90%以上份额。生产的果丁、果脯、果脆等产品畅销国内各大城市和国际市场。以皓美果蔬有限公司为代表的苹果贮藏、包装、冷链配送企业，年储存量达到7500万千克，年出口量600万千克，产品远销菲律宾、孟加拉国等东南亚国家。

第二章 主推品种

第一节　早熟品种

一、大卫嘎啦

果实形状为圆锥形，平均单果重200克。果实全面着色，色泽艳丽，是目前着色最好的嘎啦品种，外观品质极佳；果肉淡黄色，口感好，脆甜多汁，略芳香味。7月中下旬成熟。

大卫嘎啦

二、秦阳

秦阳品种是从“皇家嘎拉”实生苗中选育的新品种。果实扁圆或近圆形，单果重198—245克。底色黄绿，条纹红，全面着鲜红色。果点中大，中多，白色，果粉薄，果面光洁无锈，蜡质厚，有光泽，外观艳丽。果肉黄白色，肉质细，口感松脆，汁多，风味甜，有香气，品质佳。7月中旬成熟。

三、鲁丽

鲁丽品种由“嘎拉”“藤牧1号”杂交培育而成。果实圆锥形，平均单果重245克。果实底色黄绿，着色可达到80%以上，着色鲜红。果肉黄色，果心小，多汁。7月下旬成熟。

秦阳

鲁丽

第二节　中熟品种

一、华硕

华硕品种由“美八”“华冠”杂交培育而成。果实圆锥形，平均单果重241克。底色黄绿色，果实颜色鲜红色，着色面积可达70%以上。8月上旬成熟。

二、中秋王

中秋王品种由“红富士”“新红星”杂交培育而成。外形兼具红富士苹果和新红星苹果的优点，果形高端。平均单果重420克，最大果重可达到600克。色泽鲜艳、果面洁净、果点中大，红度可达到90%甚至全红。果肉黄白色，肉质硬脆，香甜爽口。9月中旬成熟。

中秋王

三、美味

美味品种果实圆锥形，单果重220—280克。果实底色乳黄，75%—80%果面着鲜红色，色泽艳丽诱人。果面洁净，很少有果锈，果肉乳白色，肉质细、脆硬，风味甜，汁液多。9月中旬成熟。

美味

四、秋映

秋映品种由“千秋”“津轻”杂交培育而成。果形圆形，平均单果重218克。全面着色，果皮底色黄绿，着色全面浓红至暗红色，在高海拔充分着色后甚至呈黑红色，条纹不明显，果面较光滑，果肉黄白色。香味浓，多汁，酸甜可口。果面有锈，耐贮藏。9月中下旬成熟。

秋映

五、绯脆

绯脆品种果实圆锥形，果实底色为黄色，果点小、密，果皮薄，光滑有光泽，有蜡质，果面着鲜红色条纹，成熟后果面全红，色泽艳丽；果肉乳白色，甜酸可口，质地极脆，汁液多，香气浓郁，口感好。9月底至10月上旬成熟。

绯脆

六、信浓金

信浓金品种果实椭圆形，单果重250—300克。果皮底色为黄绿色，着色金黄色，有蜡质光泽，无果锈，果面光滑，外观极美。果肉黄色，果肉硬，肉质细脆，果汁多，酸甜适中，有香气，风味上乘。9月下旬成熟。

信浓金

第三节　晚熟品种

一、瑞雪

瑞雪品种由“秦富1号”“粉红女士”杂交培育而成。果实高硕，单果重250克。管理得当果个较大，星点小，不套袋果实黄绿色、绿色偏重，阳面略泛红，套袋则果色黄色，果面洁净。果面极少果锈，梗洼处略有果锈。果肉近白色，细嫩，入口很脆，甜度高，管理得当糖度基本在16度以上，脆甜爽口，有香气。耐储存，是晚熟黄色品种里的优质品种。10月下旬成熟。

瑞雪

二、维纳斯黄金

维纳斯黄金品种果实长圆形，平均单果重247克。无酸味，甜味浓。部分成熟果实的外观与金帅相似，呈平滑状，但也有部分顶部有明显的五棱突起。无袋栽培果实阳光面浅红，果肉黄色。10月下旬成熟。

维纳斯黄金

三、瑞香红

瑞香红品种高桩，单果重245克。果实底色黄绿，盖色鲜红，全面着色。果皮光滑，有光泽，果点小，数量中等；蜡质少，果粉薄。果肉黄白色，肉质细脆，汁液多，风味酸甜。10月下旬成熟。

四、烟 8

烟 8 品种由烟富 3 芽变选育。果实长圆形，高桩。平均单果重 315 克。果实着色好，全面浓红，艳丽。果肉淡黄色。与其他富士品种相比，更明显的优势是上色快，不铺反光膜亦可上满色。铺反光膜后管理到位很快即可上满色。10 月下旬成熟。

五、烟富 10

由烟富 3 中芽变选育烟富 0，后从烟富 0 中再次优选，命名为烟富 10。果实长圆形，平均单果重 426 克。果实片红，红度可达到 86% 以上。10 月中下旬成熟。

烟富 10

第三章 传统果业发展方式

第一节　栽植模式

土壤是苹果树生长与结果的基础，是水分和养分供给的源泉。土层深厚、土质疏松、通气良好，则土壤中有益微生物活跃，就能提高土壤肥力，从而有利于根系生长和吸收，对提高苹果产量和品质有重要意义。可见，土肥水管理是乔化栽培中的重要一环。

一、土壤管理

（一）清耕制

清耕制果园应于早春时节顶凌刨园，既不致过分伤根，又可起到后期减轻果面水裂纹的作用。树盘刨深应在15厘米左右为宜，以提高早春地温促进早根系活动。采果后，清耕制果园要深耕，此时期正值根系生长高峰，断根后易愈合，又能促进新梢成熟，有利于增加贮藏营养和安全越冬。同时秋季多雨，此举亦可铲除多年生宿根性杂草、根蘖并消灭部分地下越冬害虫。深耕深度为25—30厘米。

（二）果园种草生草制

1. 果园种草

果园种草是现代化生态果园土壤管理的一项新举措，不但可以减少土壤水分蒸发，减少地表冲流，还能起到积蓄水保墒的作用。同时可增加土壤有机质，改变土壤团粒结构，增加土壤孔隙度，改变土壤通造性，改良土壤三项物，调节土壤水肥气热状况，为微生物创造良好的繁衍环境，加速有机质的腐解矿化，使土壤中的无机态养分和难溶性营养元素变为可吸态养分，增加土壤可给态养分的总量，培肥地力，保证土壤具有良好的耕性。还可改善果园微域气候，进而提高果品产量，改善果实品质，增加果实硬度，增强耐贮性，起到节本增效的作用。

（1）草种选择

可供果园种植的绿肥草种较多，其中豆科类草的根瘤菌能起到生物固氮的作用，可固定和利用空气中的氮素，增肥效应明显，同时植株低矮，生长势较强，产草量较高的可作为首选草种。在果树行间种植，长至25—30厘米高时，可于一年内多次刈割，覆盖树盘。一般种草覆盖3—4年，土壤有机质较青耕果园可提高近2—3倍。白三叶属多年生宿根性禾本科植物，可在透光率30%以下的环境中正常生长，适宜在果树行间种植，成坪后有较发达的侧生根系和匍匐茎，与其他间杂草相比有较强的竞争力，适宜性、抗逆性均强，在系列刈割的情况下仍可保持草丛不衰。

（2）播种时期

白三叶在临猗县最佳播种时期为春季，一般要求气温稳定在15℃以上，以4月10日左右为宜。

（3）种子处理

播前应选对种子进行处理，1千克种子加水1.5千克、铜酸铵1克浸泡12小时。

（4）土壤处理

借雨后或浇园后播种，播前对果树行间进行除草，松土耙平。

（5）播种方式及方法

播种分撒播和条播，条播时行距以40—50厘米为宜，播时先开3—5厘米沟，再将种子加2.5—5千克结沙混匀。播种覆土深度为0.5—1.5厘米，即播后用脚轻托或耙子背轻托即可，播种量一般为0.75千克/666.7平方米即可。

2.果园生草

在人工种草确有困难的果园，也可采用自然生草。春季开始，将树盘或树带保持浅耕无杂草状态，而行间深留萌生的杂草状态，当杂草长至25—30厘米高时刈割覆盖树盘。9—10月土壤墒情好，此时越墒播草种子，杂草较少，生草容易成功。

（1）生草条件

需要有良好的灌溉条件，能及时刈草，控制草的生长高度。

（2）生草形式

土层深厚、肥沃，根系分布深的果园，宜全园生草；土层浅而瘠薄的果园可株间生草或行间种草。

（3）生草方法

人工种植白三叶豆科类禾本科草，种草后应注意灭其他杂草，如播种量加大，出苗整齐健壮，秋后杂草也不影响。生草5—7年后，草根逐渐老化，应及时翻压，休闲1—2年后重新播种。

自然生草不需要播种草种，通过杂草相互竞争和连续刈割，保留下不怕刈割的草种，省工、省投资、易被果农接受，果树增产幅度和人工种草没有太大区别。

（三）覆盖制

这种管理制度具有扩大根系范围、保土蓄水、稳定地温、提高土壤肥力、促进土壤动物（蚯蚓等）和微生物活动、减少环境污染、杂草免耕、减轻落果摔伤、维持果园生态平衡、高产优质高效的优点。

1. 覆草时期

春季当土温达到20℃以上时便可覆草，土温过低或覆草过早，皆影响地温上升，不利于根系发育。一般时间约在5月底进行即可。夏季果园地温升高，地表温度达到40℃以上，不利于表层根系发育。进入6月份，当果园杂草长至30厘米左右即可多次刈割覆盖树盘，种有白三叶草的果园也已进入旺盛生长期，亦可多次刈割覆盖树盘。

2. 覆草前的准备

覆草前要精细整地，耙平树盘和行间，浇水。

3. 覆草的种类和数量

覆草一般可采用低秆杂草和作物秸秆，如玉米秸、豆蔓、薯蔓和棉柴壳、小麦秸等，将树盘覆满，每亩需干草300—400千克。由于草层腐烂变薄，每年均应适当补充，以达到覆盖的目的。

4. 覆草的方法

初果期果园宜在树盘或树带覆草，密植或行间不间作的果园宜全园覆草，不论是初果期树还是成龄大树覆草厚度均应达到15—20厘米，在树冠周围30厘米范围内不覆草，以防止田鼠啃树皮。如果草茎过高应铡短些，便于操作和腐烂。覆草后还应在草被上零星压些土，以防火灾和风刮。

对坡上地区和二坡台垣，水利条件差或较差的地区，为了保墒可采用厚度0.03—0.05毫米的聚乙烯地膜，一般覆膜时间应在早春土壤解冻后，最好在追肥、浇水或雨后进行，好处是保墒、增温、节水和节约劳动力，提高地温、防草、防虫，可延长生长期10—15天。覆盖前先平整树盘、树带，打碎大土块，清除枯枝。在疏松土壤上，近树干处应略凹；在黏重土壤上，近树干处应略高些。如果土壤墒情不足，则不能覆膜。

（四）免耕法

免耕不是简单的土壤不耕翻，也不是对传统土壤管理制度的全盘否定，而是借现代化农业生产技术，在不降低作物产量和品质的前提下，尽量减少土壤耕翻，达到固土省工、节本增效的目的。

二、土壤改良

（一）播种绿肥

在我县多以白三叶为好，春季末播上的，可于秋季9—10月份播，条播行距30—40厘米，每亩用种子1.5千克，播种时有投资能力的可用磷肥作底肥。

（二）改良土壤结构

各苹果园不论体量条件、土壤类型、树龄树势，还是水利条件、土壤管理，均应围绕改良土壤、增加土壤有机质含量这个核心采取有效措施，这是苹果冬季管理工作中的一项重要内容。

1.继续土施有机肥

从生产实际出发，秋施有机肥的果园并不多。苹果采收后，各果园均应借土壤墒情继续土施有机肥。施肥量力争达到斤果斤肥，有机肥源充足的以斤果斤肥为最好，施肥过程中最好混入氮磷钾三元素复配肥或三元素复合肥1.5—3千克。

2.施肥方法

有机肥源充足的果园可在树冠外围投影向外30—40厘米处每株树挖三条宽50厘米、深40厘米、长1—1.5米的环状沟，将有机肥与表土混匀后施入，有机肥量较少者可兼用每株挖三条放射沟法施入。乔化品种根系分布深广，施基肥宜深些，范围宜大些；矮化、短枝形品种，根系较浅，宜浅些；如采用放射沟施的，开沟时近根处浅些，远根处深些、多些，以免肥多伤根。施后浇水，以维持树体养分的动态平衡。

（三）深翻熟化

土壤深翻可改善果树根际环境，改良的核心是创造一个厚、深、肥、松的土壤条件，是两高一优果品生产的基础。深翻可改良土壤状况，促进土壤团粒结构的形成，增加土壤含水量，诱导根系向纵深发展，促使总根量明显增加。

1.深翻时间

从生产实际出发，每年或隔年于果实采收后至翌春，土壤不封冻时都可深翻，但仍以秋翻为好，秋翻断根易愈合，深翻后灌水，可使土壤与根密接，有利于发新根。农谚有言“伏耕为了晒土，秋杀为了冻土”，土壤深翻后经风雪、水、冻蚀，变得疏松，物理特性得以改善。如有冬灌条件的农户施肥后大水漫灌最好，覆草的果园最少应隔2—3年即深翻一遍。

2. 深翻方法

深翻的方法有深翻树盘、隔行深翻和隔年深翻，每年可结合施基肥进行。隔行深翻是在有机肥和劳动力不足的情况下，间隔一行翻一行，逐年转换，每年只翻一次，只伤树冠一侧根系，对果树根系的损伤较少。深翻位置从距树干1米以外到树冠投影外缘为宜，沟深80—100厘米，宽1米左右。近树冠处较浅，远树冠处较深，挖沟时要避免断伤直径大于1厘米的骨干根，否则会影响发根。

3. 深翻深度

不论哪种类型的果园，深翻深度均应达到30厘米，覆草果园应将覆草压入25—30厘米以下土中。俗语说“人怕伤心，树怕断根”，深翻过程中应注意保护根系，尽量少伤粗1厘米以上的根，对损伤根系，应将断面剪平，埋土踏实，以利于愈伤组织生发新根，亦可避免诱发根瘤病。

4. 深翻注意

深翻沟间不留隔层，否则不利于根系伸展，挖深翻沟后，需及时施肥回填，长时间暴晒会影响断根愈合和再生。挖沟时，要求表土和底土分放，回填时先填表土，后填底土，同时混施大量有机肥，并混入适合比例的氮、磷、钾肥。深翻后浇水沉实，以利于根土密接，促进根的愈合和发育。全园深翻幼树期，应将定植穴以外的土壤一次性深翻完毕，不留生茬，这样做虽用土量大，用工较多，但便于整地。

（四）深埋秸秆，增加土壤有机质

果实采收后，土壤未封冻前，应在果树株间或行间挖宽深各60厘米、长度视有机物落叶的多少而定的壕沟或坑，收集各种作物残秸、果园内外杂草，并将种草覆盖的草深埋，增加土壤有机质含量。注意在深埋秸秆时应撒入适量的速效性氮肥，以加速有机物及秸秆、杂草的氮化腐解，也可结合施有机肥进行。

三、合理施肥

（一）春季补施基肥

1. 补施时期

凡上年未来得及施基肥和缺乏有机肥用化学肥料作基肥的，应于土壤解冻后及时补施，提高萌芽整齐度，有利于花器的发育。

2. 肥料种类

有农家肥的此时期可继续施肥，只是在施肥时混入适量的化学肥料，以保证有机肥没有腐解矿化前果树对营养的需求。如没有有机肥，选购肥料时应首先采用有机复合肥、果树专用肥、生物菌肥复合肥，也可采用氮、磷、钾及微量元素肥料混肥。

3. 施肥方法

一般要求条沟施入，在树冠外缘投影处挖长1米左右，三条宽、深各30厘米左右的弧形沟施入，如施用化学肥料应均匀撒入沟内并与土壤混匀后填沟。

（二）秋季施用基肥

大部分果园土壤有机质含量很低，土壤贫瘠，不能满足树体生长需要。因此要大量补充有机质，将各种有机肥宜作基肥施用。

1. 施肥时间

提倡早施，即早秋施入较晚秋施入好。一旦采收结束，就应立即施基肥，早熟富士和中晚熟品种以9月中下旬至10月上旬施基肥为好。此时根系带在生长，有利于断根的愈合和生发新根，对贮藏养分积累，越冬次年春开花、坐果均有良好作用。

2. 施肥方法

幼龄树采用环状沟施法沿树冠投影外缘向外，挖宽30—50厘米、深40厘米的环状沟，每年向外扩大一圈。成龄树，基肥量少时，可用环状沟施，深度应达40—60厘米，基肥量大时可全园撒施。密植园，可挖顺行沟施肥。挖沟时要将表土和底土分开放，后将肥料和表土混匀后填入沟下层，最后填底土，施肥后及时灌水。在基肥用量相同时，连年施肥优于隔年施肥。肥料不足时，采用集中施肥或随有随施。

3. 基肥施用量

以厩粪为例，一般对1—3年生树株施量应不少于50千克，4—5年生树株施50—100千克；6—9年生树要求达到“斤果斤肥”，12年生以上树要求达到“斤果1斤半肥、2斤肥”。施基肥时还应配合施入氮磷钾肥，它们之间有一定的比例，比例合适，可提高土壤活性，增强根系的吸收能力，提高树体营养水平，对优质壮树有明显效果，以氮、磷、钾纯量计，幼树以1∶2∶1较宜，结果树以2∶1∶2为好；石灰质土壤中含钙丰富可少施钾，以2∶1∶1为好。

不同树龄时期全年株施磷、钾肥量，未结果树分别为1千克和0.2千克，初果期树1.25—2.5千克和0.5—1千克，成果期树2.5—3.5千克和1—2千克。密植园成果期树按初果期株施肥量计算即可。

（三）追肥

1. 春季追肥

春季果树萌芽开花展叶，要消耗树体内大量的贮藏营养，因此应在开花前和花后给予补充三要素。萌芽前补施基肥的，此次可不再追施。追肥时间应以“大小年”而定，通常小年树应于花前追施，大年树应于花后施入。生产中一般应采用复合肥或果树专用肥或尿素，以磷酸二铵、硫酸钾混肥追施。一般应根据树冠大小和结果量而定，达到1.5—2千克。追肥时，花前花后追肥，在树盘内开放射沟（或穴施），沟（穴）深度以15—20厘米为宜，开沟时要求内浅外深、内窄外宽。撒化肥时要均匀，并与土壤混匀，以免烧伤根系。地面追肥确有困难时，应改用树干涂肥法，可采用氨基酸或惠满丰等适宜涂干的液肥，涂抹树干中上部20—40厘米，让韧皮部吸收肥料。

2. 根部追肥

在秋季采收前一个月，结果树株施苹果专用肥1—2千克或磷、钾复混肥1千克，以利于增强叶功能，促进果个肥大，提高果实品质。

四、果园水分管理

（一）春季浇水

1. 浇水时期

一般要求在萌芽前2—3周浇水，以满足果树萌芽对水分的需求，促进花器发育，又不至于降低萌芽期的土温。

2. 浇水方法

从科学和节水角度讲，提倡渗灌、滴灌。如没有上述设施的可采用漫灌。

3. 浇水量

为保证浇水后10天60厘米以内土壤相对含水量保持在75%以上，此次浇水应浇透水。

（二）冬季灌溉

果园深翻后、土壤封冻前进行冬浇，此次浇水不再采用滴灌、喷灌等节水灌溉方法，要求大水漫灌，全园灌一次透水，除提高土壤垫容量，提高树体逆性外，还有利于土壤冻蚀，提高土壤耕性。

注意，最佳冬浇时间以土壤冻溶交替时最好。

第二节　整形修剪

一、春季修剪

从春季花芽萌动到开花前的修剪称花前复剪，它是冬剪的继续和补充，这一时期，贮藏的营养和水分已从根中和大枝大干中流向小的枝梢，因此春季剪除的枝中带走的养分比冬剪要多，削弱树势较明显。但它能提高留枝段的萌芽率，促生较多的中、短枝，促进幼树果实丰产，有利于成龄树结果枝及枝组的更新换代。另外由于复剪时已能辨别出花、叶芽来，故能调整花、叶芽比，有利于实现稳产和优质。

（一）复剪的任务

主要是拉枝整形、修剪，修剪冬剪时认不准的花芽而多留的辅养枝和大枝组；更新改形后，采用长枝修剪法，修剪之前所放的特弱而过于冗长的果枝和枝组；梳理剪除过密枝，以改善光照；对拉平的旺枝或下部光照的强旺枝刻芽，以削弱生长，促生中、短枝和果枝等。

（二）复剪方法

1. 调整花、叶芽比例

对于花芽超量的树要依据其适宜的负载能力，保留适量花芽，强树和中庸树花芽和叶芽比为1∶3，弱树按1∶4—1∶5来调整，放手更新中长果枝和破顶短枝花芽。

2. 拉枝整形

萌芽前后是拉枝整形的适宜时期。幼树初果期树，按整形安排，将围干枝拉到需要的角度，对辅养枝和大中枝组要拉到90°—120°之间，以缓势增枝。对改形后的大树，要将所留大骨干枝角度或主枝角度调整到90°—100°，有可能的可调整至下垂，尔后再进行长放，切记对改形后的大树，枝组一般不短截和回缩。

3. 刻芽增枝

幼旺树或改形后主干上抽生的强旺枝，光照枝多而影响产量的树，应在光照允许的条件下，在萌芽前对过长旺一年生枝中、下（后）部进行刻芽。刻时多采用钢锯条在芽上（或下）方0.5厘米处横拉一下，深达木质部，有利于促发中、短枝和果枝，并能分散养分，缓和枝条生长势力。对于改形后大树上的“光腿”及主枝培养扇形枝所留的长条上，在需要出中、短枝的在芽上方0.5厘米处刻伤至木质部，对需要出长条者，可在芽上方0.2—0.3厘米处刻伤至木质部受损。

4. 改善光照

疏大枝、中生层直立大枝、大辅养枝、直立旺枝等；疏间密生枝组和果枝；梳理清除外围的过密新梢；疏除改形后留下的主干背上抽生的强旺枝条。

5. 缓放长放

对于强发育枝，应给予骨干枝长头长留长放或长短结合修剪，达到有伸有缩、长短错落，有助于提高萌芽率，缓和树势，形成大量中、短枝和果枝，通风透光。

由于春剪是调整修剪，修剪量和修剪程度不能过大、过重，修剪时要因树修剪，酌情掌握，宁轻勿重。

二、夏季修剪

夏剪的目的是为了控制枝条旺盛生长，促进成花和改善通风透光条件。

（一）正常结果树

严格控制骨干枝背上外围密梢和旺梢，要综合采用扭梢、折梢（按倒）、摘心、疏除、长放等5种方法灵活处理，注意在骨干枝背上适当留一些中高枝组，以适度遮光，减少果实日灼发生。为了促花不提倡主干环剥，因为环剥后40多天内不长吸收根，会使树出现缺素症，叶片发黄，果实缺钙等，因此，只对主侧或辅养枝、旺枝进行环剥，对中庸进行环割，在旱季应掌握手术处理枝比例不能过大。

（二）果少树或小年树

注意控制生长，对新梢处理办法同正常树，必要时在春梢停止生长前和秋梢开始生长后喷PBO（果树促控剂）300倍，尽可能不在主干上环剥。

（三）无果旺树

要加强上述促花措施，必要时也可采取主干和主枝环剥手术，并可结合整形，疏除密生大枝1—2枝，去除树冠上部强旺的直立旺枝分枝。拉平中上部骨干枝和辅养枝，多疏密生新梢和竞争枝梢，以利缓和树势，增加光照，促进成花。在控旺时，切忌使用多效唑，以免影响果品质量。

三、秋季修剪

（一）培养中庸健壮树势

果实着色指数，中庸树比强旺树和弱树都高。因此可通过秋季疏剪密生新梢、直立徒长梢，剪秋梢（戴活帽），拉平直下长梢和枝组等方法，抑制树势旺长，使光合产物更多地供应果实生长，并使树势处于稳定健壮状态。

（二）维持适宜生长参数

红富士苹果着色需要直射光照射。当果实获全日照70%以上时，果实全红；获全日照40%—70%时果面局部着色；获全日照40%以下时，果面基本不着色或略有红晕。要求果园群体覆盖率不能超过75%，叶面积系数3—5；每亩枝量不超过9万条，以8万条为最好。树冠透光率应在30%以上。行间射角（树冠下部和邻行树顶连线与水平线构成的夹角）要小于49°，角度越小，树冠光照越好。

（三）控冠促花

为了促花，应在5月下旬至6月中旬（正值花芽形成期），对旺树、旺枝进行环剥、环割手术，以不过分影响根发育和毛细根对钙、硼等微量元素的吸收为前提。此外，6月份，还需对部分旺梢进行扭梢、折梢、摘心操作。8—9月份应对直立长梢进行捋枝式拉平，有利于控制壮旺树势。对超长枝上的秋梢进行“戴活帽”修剪，以利于促发中枝和成花。

秋季疏枝或缩剪，树体反应不敏感，如果实着色期，应疏除骨干枝背上高、大、空枝组和直立枝、徒长枝；疏剪外围竞争梢、密生旺梢。采收后疏缩伸向行间的大枝、密生枝，使行间保持通畅。

对于幼树，秋季整形拉枝十分重要，如纺锤形、小冠形、主干形。当年新梢多而长，应于9月份拉枝。拉枝原则是“够长就拉，一拉到位”，使角度达到整形的要求。对于与整形无关的枝，有用的拉平，无用的疏除。

对于过大的主枝，基部因环剥、环割而偏下位的新梢，不要疏光，从中选留一角度好、生长健壮者作为预备枝培养，待母枝结果2—3年后影响树形，且预备枝已有一定长度和粗度，并形成一定量花芽时，可去掉原母枝，用预备枝取而代之。另一种情况是：当某枝组过长过弱时，在其中后部选一直立枝将其拉向原枝轴伸展方向，1—2年后，在其前部回缩，取代原头，这既可复壮原头，又能缩短原枝组长度。这种方法，也可用于纺锤形侧生分枝上。

四、冬季整形修剪技术

（一）总体要求

通过提干、控高、拉大枝、缩小冠幅等措施培养合理的树体结构，改善通风透光条件，调整果园群体和个体的关系，解决生长和结果矛盾，平衡营养生长。减少大枝，增加小枝；加大角度，均匀方位，减少级次，加大枝差；主干单轴直线延伸或水平扇形延伸，采用长枝修剪，培养下垂单轴、长轴结果枝组，果枝要求松散，枝枝有效，叶叶见光，以提高果品质量，增加栽培效益。

（二）整形修剪的原则

因地制宜，因树选形；通风透光，增强树势；动态管理，灵活适度；简便易行，省工省时；冬季修剪与四季修剪相结合；大树改形与配套技术相结合。

（三）整形修剪的总体目标

留枝量，冬剪后到萌芽每亩应在7万条左右，果枝与叶枝比为1∶3—1∶4，生长季果枝与叶枝比为1∶4—1∶5；树冠透光率30%以上，即夏季中午冠下达1/3光斑；每亩产量应保持达2000—3000千克；果实品质优质果率应达90%左右，全红果率达80%以上；快速改变不符合优质、高产、高效生产要求的树体结构，最大限度延长果树优质、高产、高效年限，最大限度获得单位面积果园产出的经济效益。

（四）整形修剪的对象

1. 密度较大的果园

表现形态为栽培的果园，每亩栽植株数在60株以上的，矮化及短枝形栽培的果园栽植株数在80株以上的，同时枝条交叉严重，果园通风透光条件差，田间管理不便的果园。

2. 主干太低的果园

表现形态为主枝着生部位低，一般在80厘米以下的，下强上弱，或上强下弱，冠下光斑阴影不足30%的，通风透光条件差的果园。

3. 枝条直立、树冠抱合的果园

表现形态为主枝和结果枝放任生长，枝条拉枝不到位，长枝多，短枝少，成花坐果少的果园。

4. 主枝过多过大的树

表现形态为中心干上着生的主枝过多、过大、重叠的树。一般小主枝在16

个以上，部分小主枝粗度与中心干接近，或者粗度超过着生部位中心干粗度1/2以上，骨干枝间势力不均衡，叶幕过厚，冠内光照不良。

5. 结果枝组过多的树

表现形态为结果枝组体积过大，长度超过所培养的树形要求，分布过密，多头伸延，出现枝组交叉，交叉长度超过20%，严重影响主枝生长和树形结构。

6. 树冠过高的树

表现形态为树冠高度超过标准树形要求的高度，且树冠上部留枝太多，枝展过大，长势强，遮光严重的树。

7. 冠径过大的树

表现形态为冠径大于株距，下中层主枝枝展过长延伸，株间交叉严重，行间作业道路不畅的果园。

8. 下部主体效益差的树

表现形态为下部主枝较中上部主枝细弱，成花坐果率低，喷药施肥等管理无法正常进行的果园。

（五）整形修剪技术

1. 提干

即提高主干，打开底光，将主干分别抬高到1—1.2米甚至1.5米，其他树形要求将主枝抬高到80厘米以上，第一年先疏大的辅养枝，疏除距地面较近的主枝或朝北方向的基部主枝，第二年逐步疏除对先或轮先的基部主枝，使80—100厘米以下不再保留主枝，习惯上称为“脱裤子”或“脱裙子”，对保留下的主枝上面着生的大侧、背下和背上方枝组进行改造。

2. 疏枝

（1）疏除中心干上过粗的小枝，小枝粗度达到中心干粗度1/2时就疏除，小主枝的粗度保持中心干粗度的1/3—1/4为好。

（2）疏除其他多余枝，疏除轮生枝，对生枝多余枝、重叠枝或过粗侧生枝，以及过大的结果枝组，保持小主枝的均匀、螺旋上升及单轴延伸。

（3）开心形疏枝

①永久性应考虑在中心干1.2—2米或2.5米范围内选留五六个永久性的主枝，大、中、小错落分布下垂，缓放结果枝组，逐步形成立体结果层，其余的枝均作为辅助枝处理，随着枝组的形成而逐年疏除。②临时株不考虑树形，在提高提控高落头的同时，疏除影响永久株生长的大枝和所有的营养枝，尽量多

保留果枝，确保改形期间前期产量。

3.控制树高与枝长

（1）控高。对超高的树要及时落头，使树高控制在行距的80%。

（2）控长。控制小主枝的长度，达到株间不相交，行间有作业道，具体为株距的一半，行距保留1—1.5米。控制的方法是：小主枝出现交叉时，采用弱枝带头、转主换头；枝龄偏大、过长的小主枝，采用以侧换主、以短换长、以新换老。

一般改形完毕后，主枝多呈水平扇形延伸，形成水平叶幕，采用单轴下垂的串形长果枝结果。

第三节　花果管理

一、授粉

（一）人工辅助授粉

人工辅助授粉，在近年苹果生产中已成为一项必需的常规技术措施，能显著提高花序和花果坐果率。在授粉树搭配合理并且花期天气正常时，红富士苹果自然坐果率可达50%—80%，人工授粉坐果率可提高15%左右。在缺乏授粉树和天气不正常（春季高温、干旱、阴冷、沙尘等）、花期集中的情况下，坐果率低，难以保证当年产量。如进行人工授粉，坐果率就可提高20%—50%，此外，该技术由于授粉授精良好，种子得以充分发育，大果和端正果率明显提高，为选留优质果提供了可能的条件。

1.花粉采集

从适宜授粉树上摘花（红星、秦冠等），采花时掌握花多树多采集、花少树少采或不采集，弱树弱枝上多采集、旺树旺枝上少采集的原则。每个花序上可采两朵边花，花量大的树可采集整个花序，在授粉前2—3天，在授粉树上选择铃铛花或刚开放的花摘取，可从花粉销售单位购买去年采集、经过一年贮存的花粉进行授粉。一般每亩人工点授时需花粉20—25克，需新花量1—1.5千克。将当天采集的花和花蕾，当晚以前剥取花药并弄干净平摊于纸上，在干燥、通风且室温20℃—25℃房间里晾干，切勿将花粉放到阳光下或火上烘烤。一般生产中室温不够可用200瓦灯泡置于花粉上50—80厘米处轻烘。待花药开裂撒出花粉后，用细筛筛出花药壳，收集花粉于干燥瓶中备用。

2.人工点授

为了节约花粉，很多果农在生产中多采用授粉枪点授。授粉时点授花量应因树而定，开花少或初果期树应点授所有花，旺树也需多点授。花多树可以按距离点授，达到每20厘米点授2个花序的中心花。一般点授要求2—3天内授完，点授的次数以天气状况、花期的长短而定。花期气候条件好，开花集中时只授第一批中心花即可；花期气候不稳定、花期拉长时，应坚持授粉第一批、第二批乃至第三批；遭遇晚霜冻害严重的年份，更应做到随时开花随时授粉，以增加坐果，确保当年丰收。

3. 撒布花粉

将花粉按1∶10—1∶20倍比例填混滑石粉，混合均匀后，装入2—3层的纱布袋或丝袜内，吊在竹竿头上，手持竹竿不时震动，让花粉均匀洒在柱头上，以达到授粉的目的。

4. 弹粉

用鸡毛掸子在授粉树上滚动使其表面蘸满花粉，然后再在红富士苹果树上花多处均匀滚动，其效果虽不如点授好，但省工，也能起到提高坐果率的作用。注意应用此法授粉，自家果园或邻家果园应有足够的授粉树才行。

（二）昆虫授粉

1. 蜜蜂授粉

近几年来，因红富士苹果授粉的需要，蜜蜂授粉日渐增多。在整个花期内每3亩红富士苹果园放蜜蜂一箱，单株上只要有3—5只蜜蜂（工蜂）活动半小时到一小时即可将盛开的花授粉一遍，注意放蜂园应有授粉树，同时注意放蜂苹果园花期要禁用杀虫农药，以免杀死蜜蜂影响授粉效果。

2. 壁蜂授粉

壁蜂是目前生产中较多用的一种授粉昆虫，壁蜂起始访花的温度较蜜蜂低2℃—3℃，每天工作时间长，工作效率高，访花速度快。壁蜂个体结粉能力是蜜蜂的80倍，不需要专门喂养，也不需要专门的蜂箱，管理技术较简单，一般果农较容易掌握，每亩红富士苹果园需壁蜂80—100只，其管理方法如下：

（1）蜂茧存放

12月至翌年1月，从巢箱中取出蜂茧，清除天敌，将蜂茧装入罐头瓶中，每瓶可以装500只左右，用纱布扎口，放入0℃—5℃冰箱中冷藏。

（2）蜂茧的制作

一般有两种方法，一种是利用苇管，另一种是人工卷成的纸管。苇管的制作，是将内径5—7毫米的苇管锯成15—16厘米长的小段，其中一端留茎节，另一头开口。开口端用砂纸磨平，用颜色分别将管口染成红、黄、绿、蓝4种颜色，混合后，每50支扎成一捆备用。纸管的制作，管壁厚1毫米以上。待纸管卷牢后，其一端用胶水和纸封实，再粘一层厚纸片。

（3）巢箱的操作与摆放

选用25厘米×15厘米×20厘米的纸箱，以25厘米×15厘米一面为开口，箱内放6—8根巢管，分上下两层摆放。首次使用壁蜂的果园每30—40厘米设一巢箱，以后每年随壁蜂的增多，可以按40—50米距离设一巢箱，用支架将巢箱稳定支起，使箱底距地面40—50厘米以上，用塑料布搭棚防雨水，也可用砖砌成固定式蜂巢。蜂巢应选避风向阳、开阔无遮蔽处安放，巢口朝东或南，可放在行向或行间缺株处。为了便于壁蜂产卵作巢，可在蜂巢前1米深处用水和土和成稀泥，为防止其干涸应在下面衬好塑料布。

（4）蜂茧释放

待苹果花已露红时（花前7—10天）即可将壁蜂茧放到田间蜂箱里。这时气温已在15℃左右，壁蜂破茧飞出茧壳，7—10天后，可以全部出巢。如果将冰箱温度由0℃—5℃调到5℃—8℃，2—3天后，将壁蜂放到田间，可缩短出茧时间。红富士苹果初果期或小年树，花量不太大，每亩放壁蜂100只，若是盛果期或大年树，花量太大每亩放壁蜂60只即可，为了引诱壁蜂不远飞，在果园行间秋种越冬油菜或春栽打籽的白菜或萝卜均可。

（5）蜂巢的管理

主要指防雨和防止壁蜂天敌。当风雨打湿巢管时，花粉团会受潮发霉，幼蜂死亡率也高，所以要特别防止雨水淋湿蜂箱和巢管。壁蜂的天敌有蚂蚁和鸟类等，防蚂蚁可以用毒饵诱杀，每个蜂巢旁都可放一定量的毒饵。毒饵要盖上瓦片，防雨和防止壁蜂接触。毒饵配方为：将花生油用猪油炒香，每0.5千克加敌百虫0.1千克。鸟类危害重的地方，可在蜂巢上罩上防鸟网。对捕食壁蜂的结网蜘蛛或跳蛛，可人工消除。在成蜂活动期，不许随意翻动巢管。否则壁蜂会因难以寻找自己的产卵巢管，而影响繁殖和访花。

花期过后数天，收回巢管，挑出空巢管后，将有蜂卵巢管放入纱布袋中，对有的巢管口未被壁蜂封口的，可用棉球堵住，同时清理巢管内的蚂蚁及蜘蛛，然后将这部分巢管也放入纱布袋内吊在不贮粮食杂物、通风较好的清洁室内，以达到不受米蛾、粉螨等粮食害虫侵害的目的。

二、疏花疏果

红富士苹果经过人工、昆虫等授粉后坐果率较高，如不严格控制留果量，往往结果过量，导致果小、质差、树弱多病，大小年结果现象明显，造成售价低、收益差。因此必须抓好疏花疏果工作。

（一）疏除时期

为减少过多花果对树体营养的消耗，晚疏果不如早疏果，早疏果不如早疏花，早疏花不如早疏苗。如花期天气好、坐果可靠时，提倡以花定果。如花期气候难以预料，坐果不稳定时，提倡早疏花，重疏果，晚定果。

（二）花果的适宜留量

确定花果适宜留量（即合理负载），红富士苹果多按每25厘米左右留1个果，果实均匀分布，但实际疏留时往往多留。

（三）疏除顺序

先疏大树，后疏小树；先疏弱树，后疏强树；先疏花果量较多树，后疏花果量较少树；先疏骨干枝，后疏辅养枝。在一株树上，先疏上部，后疏下部；先疏内膛，后疏外围；先疏腑花芽和畸形花，后疏顶花芽花。

（四）花果疏留技术

根据树势和枝势，强者多留花、果，弱者少留；普通型树上多留中、长果枝上的花果，短枝型树上多留有一定枝轴长度的短果枝果，无特殊原因不留腑花芽的花果。

按适宜负载量留花、果，在气候不良的条件下，疏花疏果应留有余地，一般应比适宜留量多留20%。套袋定果时，也要比适宜留量多留5%—10%，因为套袋后，还会有遇风落果或人碰落果等损失。同时应选单果、中心花的果、大型果、端正果、下垂果、均匀分布果，疏除畸形果、小果、滴虫果或方向不当的果，使树上留果量大并果实优质。

单株、单枝上留果技术，原则上骨干少留，辅养枝多留；强枝多留，弱枝少留；内膛少留，外围多留；骨干枝前端少留或不留，1个枝组上留前疏后，全树负载量调整后，再仔细复查，防止漏疏。大树改形后，采用长枝修剪的结果枝，应根据枝轴基部粗度及长短而确定，枝轴基部直径0.5厘米粗的只留一个果，枝轴基部直径0.8厘米左右粗的可留3—4个果，枝轴基部直径1厘米左右的可留5—8个果。

果枝的选择，果枝年龄以5—6年生以下的为主，一般不提倡留骨干枝背上的“朝天果”。这种果实果型偏斜严重，且易被风吹落，不被吹落者，着色也仅限于萼端，果肩部易微裂。直接着生在骨干枝背后果枝上的果，因其发育弱，受光着色差，也应尽量疏除。腑花芽的花、果，除小年树或受冻树有保留价值外，应予以疏除。

三、果实管理

（一）果实套袋

随着人们消费观念的转变和市场对中、高档苹果需求量的增加，膜袋加纸袋双层套袋，价格虽高些，但好卖。这一点近年来已逐渐被果农们所认识，现已成为生产中、高档苹果的有效途径。

1.套袋栽培效果

（1）商品率高

套袋后由于有了袋子的保护，有自然擦伤少、病虫危害相对少、优质等效果。商品果率超过50%，市场需求量增多，可较不套袋果增值30%—50%。

（2）新鲜度好

套袋后果皮细嫩、新鲜度保持期长，失水少，不皱皮，耐贮性好。

（3）果面艳丽

果面光洁美观，果锈少；套袋果着色面积达60%以上，可比不套袋果着色果率增加40%左右。

（4）果实得到保护

喷杀菌剂、杀虫剂后，斑点落叶病危害果实少，套袋后可减少果面擦伤，减轻雹灾的袭击。有袋的隔离，减少了农药的污染和残留。

（5）经济效益高

较不套袋果增值40%—350%。

2.套袋前的准备工作

（1）调整肥料配比

套袋栽培要求增施磷、氮、钾肥，比例以5∶4∶6较好，并适当增施氮肥。土壤有机质含量要逐年提高，如能达到2%最为理想。

（2）尽早疏花、定果

花后3—4周定为单果、大果、端正果、高桩果、健康果、萼洼朝下果和分布均匀果。

（4）谢花后套袋前应喷3次药，杀虫剂+杀菌剂及补钙

套袋前第3次用药应结合套袋进行，喷第3次药杀菌剂以3%多抗霉素400倍效果最好，可使黑点病显著减少。一般要求喷药后3—5天套完，如遇雨或超过5天者应另喷，尔后继续套。

（5）改善果园个体和群体的通风透光条件

通过疏初病枝、大枝和多余枝组，使6—9月份树冠透光率达30%左右，即冠下光斑阴影应达30%。严格控制树干环割和环剥，否则树毛根会大量枯死，致树势过分削弱，缺素症状会更为严重。

（6）灌水

灌水套袋前，结合地面施肥，灌一次水以降低套袋果日灼率。

3. 套袋工作

（1）套袋时间

落花后15—20天左右开始套膜袋，35—40天左右套纸袋，若遇特殊高温年份，可向后延迟10—15天。

（2）摘袋时间

使果实在袋内（纸袋）发育90天以上，一般6月上旬到中旬开始套袋，10月上中旬摘袋。

5. 套袋操作法

（1）套纸袋

在套袋过程中，要求每个手指只动一次，使果实处于袋的中央，果袋必须鼓起来。

（2）套塑膜袋

如全树套塑膜袋，应先套树冠上部果，后套树冠下部果；先大枝，后小枝；先内膛下部后外围。套时先将膜袋吹鼓，使下部两角排水口开张。然后从上口将幼果置于袋内中央，左手提拉袋口，右手用焚香烫合。要求袋口严实，防止雨水和虫进入。

（二）果实着色期管理

影响果实着色的因素较多，如土、肥、水、修剪与通风通光程度、果量多少、保叶状况、套袋与否、摘叶、转果、铺反光膜技术、特殊药肥等。从生理上说要提高果实着色度，最重要的是改善营养条件，提高果实含糖量。当含糖量在10%以下时，果实不会着色，含糖量达到17%以上时，着色最佳。近几年，市场要求水晶富士苹果的颜色呈淡红或粉红色，生产中只有采取相应的技术措施，才能生产出满足市场要求的果品。

1. 摘袋

套纸袋的树应于产前15—20天摘袋。为防日灼，上午摘去树冠东南、北面的袋子，下午摘去南面和西面的袋子。

2. 摘叶

在摘袋前1周，先摘除果枝附近5—10厘米范围内的叶片，10天后细致剪除树冠内膛直立枝、密生枝和徒长枝，疏除过密的外周新梢（竞争枝、强枝），以改善树冠各部光照条件，增进果实着色程度。摘叶时要保留叶柄，全树摘叶量应在15%—30%的范围内。摘叶时多摘枝条下部的衰老叶，少摘新梢中上部的功能叶。

3. 转果

具体操作时间应以果面温度开始下降时为宜。晴天以下午3点以后为好。阴天可全天进行。当摘袋后经5—6天的照光过程，果实阳面着色不错时，将果实轻转一下，将阴面转至阳面。数天后果面将全红，如果自由悬垂的果不好转，可用透明胶带将方向固定，效果甚好。

4. 铺反光膜

在果实着色期，将树盘修成中心高、外围低的凸面，清除树盘内树枝、杂物及杂草，打碎土块，耙平。按要求铺反光膜，四周拉平，固定多边，反光膜可明显增加下部光照（光的反射及折射原理），其中有50%—60%的红黄光可全部为果实所吸收，使萼洼及周围着色良好，着色率可提高40%—55%，同时有利于提高叶片中的叶绿素含量及蛋白质含量，果实含糖量及花青素含量也会较不铺反光膜为多，差异显著。

5. 采收

红富士苹果果实生长期为175—180天。在适期内，采收愈晚，着色愈浓。近年，市场上所需产品红富士苹果（即粉红色）一般摘袋10天左右即可采收，市场价格好。

第四节　病虫害防治

一、主要虫害防治

（一）桃小食心虫

5月底正值越冬幼虫出土期，在越冬幼虫突增日或用性诱剂诱出第一头雄蛾时，就需立即开始地面防治。施药前先锄耕耙平树盘，在树干垂直投影下和往外30厘米处喷药，选用的药剂有32%辛硫磷微胶300倍药量或40.7%乐期本600倍液。喷药时期要依照有关指标而定，当卵果率达到1%—1.5%时或产卵高峰前4—5天或产卵高峰后6—7天再开始喷药，喷死幼脲3号1000倍液。果实套袋保护。

（二）苹果小卷叶蛾

果园行间生草或种草实行生草制。5—7月份刮树干上粗翘皮、剪虫包、留单果。结果期用醋硫诱杀。苹果树萌芽前，用药剂涂抹剪口可减少越冬虫量。6月份第一代幼虫发生期，喷25%死幼脲3号1000倍或2.8%早维盐2000倍可灭杀此类害虫。

（三）苹果金纹细蛾

果树落叶后，结合秋施基肥，清扫枯枝落叶，深埋，消灭落叶中的越冬蛹。第一代幼虫高峰期（6月上旬、中旬）是防治关键时期，树上喷25灭幼脲3号1000倍液，或苏脲1号2500—3000倍液，或90%杀铃脲10000—12000倍来扑杀害虫。

（四）苹果棉蚜

应在休眠期结合田间修剪及刮治腐烂病，刮除树缝、树洞、病虫伤疤边缘等处的棉蚜，剪掉受害枝条上的棉蚜群落，集中处理。再用40%氧化乐果乳油10—20倍液涂刷枝干、枝条，重点涂刷树缝、树洞、病虫伤疤等处，压低越冬基数。增施有机肥，增强树的抗病虫能力。

苹果树发芽开花之前（3月中下旬至4月上旬），越冬棉蚜会在根部浅土处繁殖为害，此时是集中杀灭棉蚜、降低虫源基数的最佳时机，这时便于操作，有效期长。具体方法如下：将树干周围1米内的土壤扒开，露出根部，每株灌注48%毒死蜱乳油1500—2000倍液或80%敌敌畏乳油1600—2000倍液。

（五）螨类

在临猗县苹果园发生的害螨主要是山楂红蜘蛛和二斑叶螨。行间生草、种植绿肥，能有效地保护螨类天敌，维持生态平衡。7月中旬为宜，7月中旬后平均每叶存活螨7—8头时再开始喷药，选用2.0阿维菌素3000—4000倍或200%扫螨净2000倍。

二、主要病害防治

（一）斑点落叶病

5月下旬至6月上旬是该病急增期，7月上旬至8月上旬是该病盛发期，发病与降雨、叶龄、空气相对湿度有关，降雨越多湿度越大，叶龄越小发病越重，老龄叶不发病。控制旺梢，尤其是秋梢生长，一是控制大肥大水，二是修剪要轻，三是利用生长调节控梢，使树势稳定于中庸健壮状态。5月中下旬病叶率达10%时开始喷药，药剂可选用大生M45（600倍液）或农抗120（800倍液）或3%多抗霉素400倍液与波尔多液交替使用，间隔10—15天效果较好。

（二）腐烂病

防止此类病需合理留果，配方施肥，以磷钾肥为主，培养健壮树势，6—9

月重刮皮，用腐必清50倍液涂枝干或用施纳宁10倍液涂治病疱。入冬前，要及时涂白，防止冻害及日灼伤。

（三）白粉病

防止此类病需结合冬季修剪，剔除病梢和病芽。在苹果展叶至开花期，剪除新病梢和病叶丛、病花丛并烧毁或深埋。加强栽培管理，避免偏施氮肥，使果树生长健壮，同时还要控制灌水。秋季增施农家肥，冬季调整树体结构改善光照，提高抗病力。

冬季结合防治其他越冬病虫，喷3—5波美度石硫合剂或70%硫黄可湿性粉剂150倍稀释液。保护的重点时期放在春季，芽萌发后嫩叶尚未展开时和谢花后7—10天是药剂防治的两次关键期。

（四）轮纹病

防止此类病需加强肥水管理，休眠期清除病残体。果实套袋能有效保护果实，防止烂果病的发生。及时刮除病斑，刮除枝干上的病斑是一个重要的防治措施。一般可在发芽前进行，刮除病斑后涂70%甲基硫菌灵可湿性粉剂1份加豆油或其他植物油15份涂抹即可。5—7月可对病树进行重刮皮。发芽前可喷一次2—3波美度石硫合剂或5%菌毒清水剂30倍液，刮病斑后喷药效果更好。

（五）炭疽病

防止此类病需深翻改土，及时排水，增施有机肥，避免过量施用氮肥，增强树势，提高果树抗病力。及时中耕除草，降低园内湿度，精细修剪，改善树体通风透光条件；结合冬季修剪，彻底剪除树上的枯死枝、病虫枝、干枯果台和小僵果等。生长期如发现病果或当年小僵果，应及时摘除。

在果树发芽前喷洒三氯萘酮50倍液、5%—10%重柴油乳剂、65%五氯酚钠可溶性粉剂150倍液或二硫基邻甲酚钠200倍液，可有效铲除树体上宿存的病菌。

生长期一般从谢花后10天的幼果期（5月中旬）开始喷药，在果实生长初期喷施高脂膜乳剂200倍液。病菌开始侵染时，喷施第1次药剂。以后根据药剂残效期，每隔15—20天连续喷5—6次。注意交替选择药剂。

（六）褐斑病

此病一般老叶上发病，在临猗县一般5月上中旬开始发病，7—8月份进入发病期，严重时可造成大量落叶（落叶占总叶数的60%—70%），树势弱多雨年份发病均重。应加强栽培管理，增施有机肥，保持树冠内良好的通风透光条件，采收后清扫果园落叶，集中烧毁或深埋，减少传染源。一般于5月上旬、6月上旬、7月上中旬，多雨年份再增加一次药，可选用的药剂有50%多菌灵800倍、80%三乙磷酸铝500倍、1∶3∶200倍波尔多液。

（七）黑点病

该病一般在6—9月份均会出现。合理修剪，改造树形，改善树体通风透光条件可防治该病。套袋前喷洒，6—9月份根据降雨情况喷布3次3%多抗霉素400倍或大生M45或1∶2∶200倍波尔多液。（注意波尔多液只是在套袋后才能使用）。

三、综合防治措施

（一）套袋前

连续打2—3遍杀菌剂，药剂可选用大生M45（600倍液），或农抗120（300倍）或3%多抗霉素400倍，这些药剂最好轮替使用，一般每间隔7—10天一次，除防治轮纹烂果病，亦主防套袋苹果黑点病。如果害螨达到叶均4—5头则喷2.0%阿维菌素4000倍液，如果嫩梢上蚜虫不多，苹果小卷叶蛾也不多，则不必喷杀虫剂，如果蚜虫多时再加入10%吡虫啉3000倍，对苹果小卷叶蛾重点采用摘虫苞等方法杀死。若防治金纹细蛾可加入25%死幼脲3号1000倍，但需注意：套袋前1—3天必须打一遍杀菌剂。

（二）套袋后

间隔套袋前一遍药的药效期，是为防治早期落叶病。应打一遍1∶2∶200倍液波尔多液，随后间隔20天左右喷一次防治斑点落叶病药，如多抗霉素等，隔15天再喷一次1∶2∶200波尔多液。尔后再改喷多菌灵或多抗霉素。

（三）摘袋后

为了保持果面光洁，应喷一遍大生M45或3%多抗霉素。

第五节 果园的霜冻害预防及管理

一、预防晚霜冻害

晚霜冻害十余年来在临猗县不规律发生，一般多发生于4月3日—25日，霜冻后严重时对产量和经济效益影响很大，一般当花蕾期气温降至-3℃左右、花期-1.5℃左右、幼果期-1℃以下时，苹果花器将会受到霜冻危害。预防措施和办法如下。

（一）延迟发芽

1.灌溉

早期多次灌溉或喷灌，可显著降低地温，延迟发芽。发芽至开花前大水灌溉，可延迟开花2—3天。霜前灌溉后水遇冷凝结时会放热，微域增温，可起到预防霜冻的作用，减轻冻害。

2.树干涂白

树干冬季或早春涂白，可延迟萌芽开花3—5天。

3. 喷钙

芽萌初期，树冠喷布0.5%的氯化钙，可延迟花期5天左右。

（二）提高果园气温

1. 利用加热器

霜冻前点燃加热器，每亩4—5个（每小时耗燃油3千克），可使果园升温4℃左右。

2. 熏烟

此法只能在不低于-2℃情况下使用。一般发烟物为秸秆、杂草、枯枝落叶及粗锯末。发烟物堆放直径在1.5米左右时可管5×1亩，发烟物一定要堆放在冷空气或风向的上风头，听天气预报当气温下至-0.8℃以下时即要点燃发烟物，一般要求旺火发烟，才能起到作用。

熏烟

二、霜冻后的管理

（一）提高坐果率

对轻微霜冻的花或未遭冻的花进行人工授粉，还可利用壁峰或蜜蜂授粉，此外喷0.5%蔗糖水加0.2%—0.3%硼砂+0.3尿素硝酸稀土微肥1000倍等，均能起到有效提高坐果率的作用。

（二）加强综合管理

霜冻后，细致疏除无商品价值的幼果，喷珠氯噻醇等，改善果形，增大果体，增施肥料，均衡供水，细致疏果和留果，防治病虫害，保好果实和叶片，维持健壮树势。最大限度减少损失。

尧帝赐婚
万保牌

第四章 现代果业产业升级

苹果产业是临猗县特色的优势产业。经过多年发展，目前已成为农民增收致富的主导产业，在县域经济中占有举足轻重的地位。然而大面积栽植始于20世纪90年代，果树至今已有20多年树龄，多数果园密闭严重，加之管理技术粗放，果树未老先衰、病虫害严重、产量低、品种滞后、品质差，管理困难、用工量多、成本高等问题，严重影响着临猗县果业的发展和果农的收益。因此，对老果园进行产业升级是推动果业提质增效的必要措施，是推进临猗县果业由数量型向效益型转变的根本条件，也是确保果农持续稳定增收的重要举措。

第一节　老果园阳光间伐

一、实施原则

合理有效利用光能。遵循三稳,稳定树势、稳定结果、稳定技术；做到四结合,树形改造与间伐相结合、冬季修剪与四季修剪相结合、长远目标与短期效益相结合、改型修剪与综合管理相结合。

二、实施标准与要求

（一）果园间伐后的标准

1. 一个中心指标

亩留株数力求达到25—37株，消灭亩留40株以上。

2. 四个辅助指标

交接率：一般允许株间交接率10%—20%，但行间永不能交接，要留有1.5—2米的阳光道或作业道。

覆盖率：一般果园不能超过70%，日本为60%。

透光率：不能低于30%。

亩留枝量：一般要求亩留6万—8万条。

（二）阳光树冠的标准要点

间伐改形后，树干提高到1米左右（1.2米），叶幕层厚度1.8—2米，主枝数目5—6个，干比3∶1，采用树形为小冠开心形。

三、技术要点

（一）间伐对象

密闭乔化大树，园内光照条件恶化，主要是8年生以上果园，尤其是12年生以上的果园。

（二）间伐步骤

3—5年完成间伐任务。具体步骤：一年间伐，二年调大枝，三年调枝组，四年做精细。

（三）间伐方法

乔化密植果园所采取隔行、隔株或随机形式进行的间伐，可据各地经验调整，提倡果园隔行间伐，效果显著。建议：小面积3—5亩以上果园或全园2—4行，隔株或隔两株间伐；大面积5—8亩以上果园或全园5行以上的果园，隔行间伐为好。总之，各果园应因地制宜，选择适合方法，灵活掌握。

（四）间伐示意图

果园栽植因方式不同，要采取不同间伐规划（注“○”代表永久树，“×”代表临时株）。

1. 对齐栽植2×3米密植果园要先隔行间伐再隔株间伐

×○×○×○×○

××××××××

○×○×○×○×

2. 两行顶空栽植或顶栽植2.5×5米的果园先隔一伐二株

○××○××○×

××○××○××○

3. 对齐栽植4×5米稀植果园要先隔株间伐

○×○×○×○×

×○×○×○×○

○×○×○×○×

4. 每行顶空栽植密植果园要先隔行间伐，再隔株间伐

○×○×○×○×○

　　×××××××××

　　　×○×○×○×○×

四、注意事项

灵活掌握：如果确定的永久树树势过弱，腐烂病严重，要依据园貌和树势强弱重新规划方案。

间伐前首先将永久树、临时树、间伐树用红漆标注清楚，永久树用“○”标记，临时树用“√”标记，间伐树用“×”标记。

第二节　老果园高接换优

一、高接前准备

（一）园地选择

选择因肥水和树体管理失当致使果园郁闭、营养失调、品质严重下降，或因品种问题导致种植效益低下的果园。

（二）砧树选择

砧树应生长健壮，树体较完整。

（三）接穗准备

接穗宜从健壮无病毒母株上采集。春季枝接可结合冬剪收集接穗，选取芽体饱满、髓心小、无病虫为害、粗度0.6—1.0厘米的一年生健壮枝条作接穗，埋在背阴凉爽潮湿的砂地里。温度控制在1℃左右。

（四）接前准备

打算进行品种更新、高接换头的果园，应提早确定高接树的数量，并做好准备工作。

1.做好高接树的骨架整理

拟进行高接的树，在冬季修剪时，要提早去除大枝，预留保护桩。这样，可以减少春季高接时的树体营养回流所造成的养分浪费，有利于高接树健旺生长。

2.提前做好准备工作

提前准备好扎条，磨好果树剪、嫁接刀，并对其消毒，防止病毒病传播；做好接穗准备工作，要提前联系、收集好接用的品种接穗，确保接穗数量和质量，并在低温、保湿条件下妥善保存。提前2天取出接穗，整理清洗干净，剪掉接穗基部1—2厘米后插入清水中，充分吸水24小时。

3.灌水

高接前1周砧树灌水，提高嫁接后的成活率。

4. 管理

嫁接前一天晚上，把充分吸水的枝条，按照品种要求分类管理，对需要嫁接的品种选择优良全条，乔接接穗最好选择柔软的品种枝条。富士系品种接穗较好，而且较细，便于搭桥。

二、高接技术

（一）高接时期

春季和秋季均可高接，春季以枝接为主，最佳时间一般在4月上中旬，秋季以芽接为主。苹果大树高接多在春季开花前后进行。

（二）高接方法

1. 嵌芽接

首先，在接芽上部1.0—1.5厘米处向下斜削一刀，长度超过芽体1.5厘米，然后在接芽下部1厘米处与枝条呈45°横切一刀，取下带木质的芽片。在砧木的嫁接部位分两刀削出与接芽大小接近的切口，再把接芽放在切口上，芽片与砧木一侧的形成层对齐，再用薄膜包扎严实，露出接芽。（如图1所示）

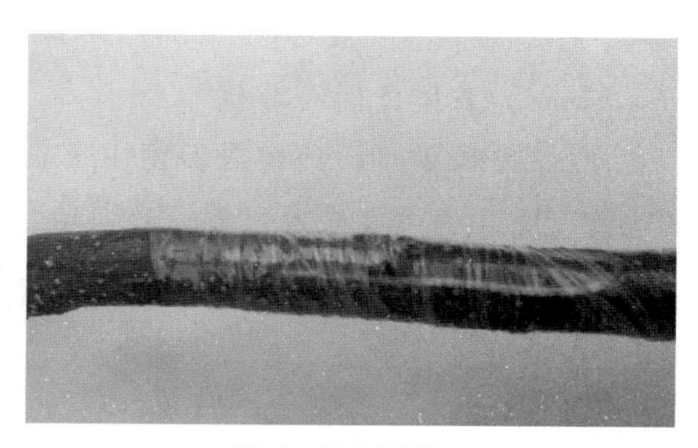

图1　带木质芽接

2. 劈接

在带有3—4个芽的接穗下部两侧各削一刀，削成长为3—5厘米的楔形。将砧木从横截面中间劈开，然后插入接穗，接穗稍露白，使一侧形成层对齐，用薄膜包严嫁接口及整个接穗，但要露出接芽。（如图2所示）

图2　劈接

3. 插皮接

在有3—4个芽的接穗下部削一个长4—5厘米的削面，轻刮背面的表皮，露出韧皮部。再将砧木截断，用刀纵切韧皮部，将接穗插入皮内，用薄

膜包严嫁接口及整个接穗，露出接芽。（如图3所示）

4. 多供一嫁接法

选择一年生枝3—5条，其中一条最长、最粗，其余较短、较细，见图4。在包扎好基部嫁接口的基础上，把较细的枝逐枝靠接在最粗的枝上。当品种接穗较少时，两个较细的供养接穗可选原树接穗。（如图4所示）

图3　插皮接

图4　多供一嫁接法

三、大树高接换头操作流程

（一）高接母树的剪锯

苹果树萌芽前，砧树只保留主干，在距地面60—80厘米处锯断，锯口必须光滑平齐，并用封剪材料封口。（如图5所示）

（二）削接穗

削接穗长30—50厘米，在接穗基部1—1.5厘米处向下斜削，由浅至深，直到削断，正反面削法削面相同。削面长1—1.5厘米，要求正反削面交叉相连，削面要平，呈尖刀形。（如图6所示）

（三）切嫁接口

对确定的砧木树，在嫁接部位再剪（锯）掉至少5—10厘米，保证嫁接的口新鲜，然后确定嫁接口部位，一般选择树皮光滑处，在中干接口处竖切一刀，切断皮层，切口一般长3—6厘米。要求切口长度等于或大于接穗削面的长度。

（四）插接穗

将削好的接穗对准切口插入，用皮层包紧，最后用扎条把接口扎紧扎好，以便愈合。（如图7所示）

（五）切面包扎

切面部位接穗插好后，用比切面梢宽、0.005毫米的地膜，将接口盖住，然后再用扎条缠严包紧，使接穗紧靠砧木，特别要注意接口处要封严，以利保水，提高成活率。（如图8所示）

图5　锯砧

（六）靠接

多头嫁接为了促进果树早成型、早结果，多个接头应采用靠接的方法，相互嫁接于一体，促进一个延长头生长。（如图9所示）

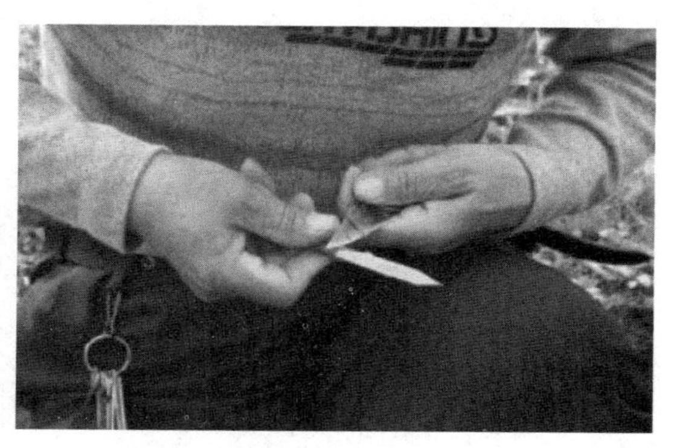
图6　削接穗

（七）其他

苹果树开花时期应进行嫁接。嫁接的方法根据树龄确定，一般12年生树采用芽接法，2—3年生采用皮下枝接法，4年生以上采用皮下枝接和靠接法。插皮接穗不管粗度大小，只在接穗基部削一个光滑切面，然后在背面刮去部分表皮，露出形成层。主枝换头在接口正上方（如需调整主枝方位角，可根据需要选在接口侧面或正下方）。（如图10、图11所示）

图7　插接穗

个别单株因腐烂病、机械损伤或主干畸形无法在正常位置嫁接的树，可一次性贴地面锯掉，锯口要平，然后直接在根部皮层处进行插皮接，伤口包扎要紧密严实，最后用湿土小心埋好，只露出接穗芽眼，同时做好地面标记，采用这种方法嫁接成活率极高。（如图12、图13所示）

图8 切面包扎

图9 靠接穗

四、高接后管理

（一）灌水

全园高接换头结束后，饱灌一次，确保水分供应。

（二）除萌蘖

一般嫁接后7—10天进行首次除萌，抹除主干、主枝和接口萌蘖。此后应及时抹除萌蘖。（如图14所示）

（三）预防日灼

在夏季高温干旱条件下，可采用培土（如图15所示）、保留杂草、地面覆

草、树枝遮阴等方式预防嫁接口日灼。（如图16所示）

（四）解除绑缚物

春季枝接树，6月上旬接穗新梢长至20—30厘米时，解除嫁接口绑扎物。秋季芽接树，翌年春季萌芽前解绑。

（五）绑缚支棍

当新梢长到约30厘米时，在接枝对面绑缚支棍，待新梢长到70—80厘米时去掉。（如图17所示）

图10　嫁接完成

图11　嫁接成活

（六）高接枝修剪

高接枝长到30—35厘米时，进行轻摘心。秋季采用开角、拉枝等方法调整高接枝角度。冬季对高接枝延长头进行轻剪，并适当疏剪直立枝和过密枝。（如图18所示）

（七）土肥水管理

1. 深翻改土

以扩穴深翻为主，可3年深翻一次。扩穴深翻应结合秋施基肥进行，土壤回填时混以腐熟有机肥。

图12　贴地面嫁接

图13　伤口包扎

2. 中耕除草

及时中耕除草，保持土壤疏松中耕深度5—10厘米。

3. 覆盖地布

嫁接作业完成后，用黑色地布覆盖果树定植带或树盘，可以起到保墒和抑制杂草的作用。

4. 肥水管理

高接后及时灌水，促进高接枝、芽愈合、生长。后期注意控制肥水，防止枝条徒长。接穗萌发后根据园地的土壤肥力和新梢的生长情况，在6—7月追肥1—2次，每株追施尿素或磷酸二铵0.1—0.2千克。每次追肥后浇水，促进养分吸收利用。冬季有低温天气出现的地区，应对高接枝进行防冻保护。

（八）病虫害防治

及时防治叶螨、蚜虫、卷叶蛾等害虫和斑点落叶病、褐斑病等病害。注意防治为害接口和切口的枝干害虫。

图 14　除萌蘖

图 15　培土

图 16　树枝遮阴

图 17　绑缚支棍

图 18　高接枝修剪

第三节　矮化宽行密植

一、选用苗木

良种苗木是苹果优质轻简高效栽培技术应用的重要基础。临猗县所选良种苗木具有以下特点。

（一）抗重茬

苗木使用的砧木为抗重茬砧木，老旧果园提档升级可以即拔即栽，不用轮作倒茬，为农业供给侧改革奠定了苗木基础。

（二）双脱毒

苗木砧木和品种均脱除了危害苹果生产的包括花叶、锈果在内的6种重要病毒，实现了砧木、品种双脱毒。早果丰产性好，能极大提高苹果产量和质量。

（三）周期短

采用扦插生根技术、温湿度调节技术，做到40天左右出一茬苗，同时与组培相比每株砧木的繁育成本降低80%以上。就目前规模，年可生产350万株“一抗双脱”优质壮苗，经济效益和社会效益相当可观。

（四）成本低

目前进口一株同样“一抗双脱”优质壮苗需120元，通过引进技术自主繁育以后，成本可以降低2/3以上，大大节省了果农建园成本。

（五）成活率高

采用苗木发枝促壮技术、脱叶技术、苗木贮藏技术，确保苗木成活率达98%以上。

（六）轻简优质高效技术配套

繁育的优质苗木，配套苹果优质轻简高效栽培技术，在大大节省人工的同时，还可实现快成形、早结果，重茬栽植第二年亩产达750千克以上，一个果农可轻松管理50—80亩果园。这为更新老果园、老树龄“三老”果园，发展现代果业走出一条新路。

二、建园优缺点

（一）优点

见效快，使果树提早结果，早期丰产。矮化密植苹果园2年进入结果期，乔砧苹果树5年才能进入结果期。

机械化程度高，节约劳动力。矮化密植果园树体矮小，行距较大，适合机械化操作，使喷药下耕地、施肥、除草、采摘等农事活动便捷化，节约劳动力成本。

管理技术简便，容易掌握。矮化密植果园通常采用纺锤树形，这种树形整形修剪以缓放为主，没有主侧枝的分级，技术简单易学，操作简便。

更新速度快。矮化密植果园树体寿命短，一般20年左右寿命，更新间隔短，可以随市场新品种的出现随时更新。

（二）缺点

成本高。矮化密植果园栽培密度大，栽植数量是乔砧树的 2 倍以上。需要设立支架、节水、管道、地布等设施设备。矮化密植园是机器化生产模式，耕地机、除草机、喷雾机等各项仪器都应配备齐全，初期建设成本比较高。

树体寿命缩短。植物生长调节剂的使用、滴灌、水溶肥等管理方式通过人工控长、使树体保持矮化的同时，又在无形之中损害了树体正常生长，缩短了其寿命。

土地问题。矮化密植果园要求集中用地，而目前临猗县果树生产大多为一家一户的分散经营，这种生产经营方式不能适应大规模生产的需要，由于土地使用难以协调，土地流转困难重重。

管理人员问题。规模化管理与小农思想的矛盾，导致管理人员给老板干活的责任心远不如给自己干活强。果树生产是对有生命植物的养护，与钢铁、塑料、水泥等没有生命物品的流水作业生产不同，需要管理人员的悉心呵护，对树体的细微变化了如指掌，最终果品的高品质。果农必须根据，当地条件、地势、财力来选择果园栽植方式，可参考矮化密植果园的优缺点做出选择，想办法克服这些困难，以达到最好的效果。

三、建园技术要点

（一）园区选择

选择生态条件好、远离污染源、水电便利的农业生产区。

图1　灌溉设施

（二）园区规划

1. 园区面积

连片50亩以上。

2. 园区道路

主路宽5—8米、作业道宽3.5—4米，主路材料为水泥路面或砂石路面。

3. 灌溉设施

肥水一体化灌溉系统。具体措施：树的两侧铺设两行灌溉软管，距树30厘米，每10米用U形钉固定，每条滴灌管前端增设开关。

4. 架杆

可采用正方形水泥柱或钢管为立柱，沿树行每隔10—20米设立1个支柱，分别在距地面1米处拉一道10—12号钢丝。架杆地上高度不低于3米，地下深度不低于70厘米。

图2　架杆

（三）园区整理

1. 平整土地

深耕30厘米以上。

2. 起垄

根据栽植株行起垄，垄高30厘米，宽160厘米。

3. 开沟

垄上开沟，沟宽30厘米，深20厘米。施入有机肥2吨和土充分搅拌。

4. 洇沟

栽植前1—2天（根据土质，栽植时湿度合适不沾铁锨）将两条滴管放至沟内，滴灌4小时左右为洇沟。

图3　起垄

（四）苗木及品种选择

1. 苗木选择

苗木类型：脱毒抗重茬苗木砧木。

苗木规格：高度1米以上，粗度在嫁接口以上10厘米处，直径要达到0.8厘米，根系长20厘米，须根完好，整株无病虫害侵染。

图4 开沟

2. 品种选择

临猗物候期早、海拔低，建议选择早中熟品种、黄色品种。早熟品种大卫嘎啦，中熟品种绯脆、美味，黄色品种信浓金。

（五）栽植时期与栽植方法

图5 苗木

1. 栽植时期

春季（3月10日—4月30日）。

2. 栽植密度及深度

栽植密度：行距3.5—4.0米，株距1米，每亩栽植167—190株，建议细纺锤树形；栽植深度为露出砧木5—10厘米，土壤充分将根系埋实。

3. 栽植技术

提前量好栽植株距并做好标注，于迎风方向处栽植苗木，栽后踏紧，轻轻提苗。

图6 栽植

4. 浇水

栽植当天必须浇水，滴灌，让苗木与土壤根系充分接触，浇水后及时扶正。

（六）栽后管理

1. 覆盖地膜

树行两侧垄上各覆盖120厘米的黑色园艺地布。两边地布与树保留5厘米左右的缝隙，缝隙在草萌发前用粉碎的木屑覆盖，厚度 5 厘米左右。

图 7　浇水

2. 定干

根据苗木质量，选择主干上部最饱满芽（当地春季迎风方向）上0.5厘米处定干；距离地面70厘米以下的主枝全部疏除；距离地面70厘米以上的主枝，粗度小于主干1/3的保留，其余主枝留0.5厘米橛重短截。

3. 促进发枝

在距离地面70厘米以上到定干后主干向下30厘米之间的中干上喷发枝素促发分枝；当主干新梢生长到30厘米左右，对新梢顶端嫩梢喷1次发枝素，每间隔30厘米左右喷施1次。栽植后当年可以萌发20个以上主枝。

4. 立支杆

借助玻璃纤维棒或是竹竿使苗木中干挺直，保持中干生长优势。高度不低于 3.5 米，位置为迎风方向。

图 8　覆盖地膜

5. 摘心

新梢生长到 40—45 厘米时开始第一次摘心；主枝新梢每生长 20 厘米左右，再次摘心。

6. 生长调控

新梢长至50厘米左右时，利用生长抑制控制新梢旺长或者施用叶面肥促进芽体饱满。

7. 促进落叶

冬季落叶前7—10天，喷施落叶剂，促进养分回流根部。

（七）病虫害防治

果园病虫害防治应以监测预警为重点，检疫御灾为基础、应急控灾为关键，贯彻预防为主、综合防治的方针，以农业和物理防治为基础，以生物防治为核心，科学使用化学防治技术，以达到有效控制病虫害的目的。严禁使用国家禁止的农药，农药的使用必须符合GB4285农药安全使用标准。

图 9 定干

图 10 喷发枝素

图 11 立枝杆

图 12 摘心

第五章 采后商品化处理技术

第一节　基本特性

一、呼吸作用

苹果是呼吸跃变型果实。这是由于果实内部含有淀粉类贮藏物质，具有明显的后熟特征。品种间的呼吸强度存在差异，一般晚熟品种生长期较长，积累的营养物质较多，强度高于早熟品种。

影响苹果果实呼吸作用的因素有温度、湿度、气体成分、机械伤和微生物侵染等。其中，温度是影响苹果果实作用的最重要因素。在生理温度范围内，其呼吸速率随温度上升而增高，低温条件下贮藏可以有效抑制呼吸作用，延迟后熟。苹果贮藏要求较高的相对湿度（85%—90%）不符，失水率达到5%—6%时，苹果果皮就会出现皱缩，呼吸强度增大，加快果实的成熟衰老，降低贮藏效果。因此，要在保持低温冷藏的基础上，调节贮藏环境中的二氧化碳、氧气、乙炔的含量，这些对提高贮藏质量有着特别的显著作用。在果实贮运过程中，任何机械伤和病虫浸染都会引起呼吸升高，因此应尽可能地减少机械伤和微生物侵染。

二、乙烯释放

苹果果实在发育期和成熟期的内源乙烯含量变化很大，果实未成熟时乙烯含量很低，在果实进入成熟和呼吸高峰出现之前含量开始增加，并且出现一个与呼吸高峰相类似的乙烯高峰，与此同时果实内部的化学成分、发生一系列的改变。在果实内源乙烯达到能推动成熟之前，采用相应的措施可以延缓果实后熟，延长果实贮藏寿命。影响乙烯合成和作用的因素主要有贮藏温度、气体条件等。在正常的生理温度下，随温度上升乙烯的合成速度加快，所以低温贮藏是控制乙烯的有效方式。不过过高或过低的温度都会影响乙烯合成。苹果贮藏环境中，低氧抑制乙烯的生物合成，二氧化碳浓度在3%—6%时，抑制效果最好，6%—12%时效果反而下降。

第二节　采　收

一、采收时间

苹果适宜采收时间是根据果实的成熟度来确定的，主要根据有以下几个方面。

（一）外观性状

如果实大小、形状、色泽等都达到该品种固有性状。种子开始变褐，果粉形成。

（二）内在指标要求

包括果肉硬度、淀粉含量、可溶性固形物及酸含量。随着果实成熟度的提高，果实硬度、淀粉及酸含量随之下降，可溶性固形物含量逐渐增加。我国对入贮苹果的生理指标有具体要求，采收指标及其测定方法可参考国家标准《苹果冷藏技术》。采用果肉硬度、淀粉含量、可溶性固形物等理化指标确定果实成熟度或采用采收期指标也较为科学与准确，测试方法也不复杂，提倡广大果区广泛采用。

（三）果实生育时期

每个品种从盛花期到成熟期都有一个相对稳定的天数，一般早熟品种为100—120天，中熟品种为125—150天，晚熟品种为160—175天。因不同地区果实生长期积温不同，采收期会有所差异。

二、采收方法

采摘时用手托住果实，食指顶住果柄末端轻轻上翘，果柄便与果台分离，手握果实向上提，轻轻一扭即可采下。按照先下后上、先外后内的顺序分批采收。

三、采收基本要求

（一）采收天气要求

一般选择无雨天、清晨露干以后进行采收。

（二）采收时间要求

根据果实生长天数、贮藏期的长短，贮藏果应于临近成熟期时采收，即稍早几天，即采即销果。也可在食用成熟度期时采，即稍晚几天，冷库贮藏一般时间可居中。

再有就是市场要求，市场需要、售价又高的情况下可适当早采（如水晶富士），市场需要什么样的果，就采什么样的果，此时采收期不是固定不变的。

综上所述，确定采收期的方法较多，各有所长短，但就一个具体果园，要因地制宜，根据综合条件灵活确定适采期。

（三）采收人员要求

采收人员要剪平指甲或戴上手套，同时要具有很强的责任心。

（四）采前准备工作

根据果园面积、产量、运输、销售、劳动力、贮藏等情况，事先做好多项采前准备工作。

（五）采收技术要求

采收果实所用的容器必须清洁干燥，并垫纸或放置柔软缓冲的材料。

在采收时做到轻采轻放，要保持果梗完整或剪平。套袋的果实要求连同果袋一起采下。不攀枝拉果，切忌果实机械伤。

机械伤果、病虫果、落地果、残次果、腐烂果、沾泥果需另行放置。

果实随采、随运、随入临时仓库，避免日晒雨淋。

（六）分期采收技术

在苹果适采期内，每株树上所结的果实，因其位置高低、着生部位、果枝状况、果实数量等的差异，成熟度很不一致，如能分期分批采摘，不但能使采下的果实都处于相同的成熟度，而且还有利于提高果实重量、品质和商品的均衡性。具体程序是从适宜采收期开始，分2—3批完成采收任务：

第一批果，先采摘树冠外周和上部着色好的、果体大的果实。

第二批果距第一批5—7天左右，同样选着色好、果体大的采下。

第三批果，在第二批5—7天，将树上所剩的果实全部采下。

采收第一、二批果共占全树果的70%—80%。第三批果占全树果的20%—30%。采前两批果时，要注意别撞落留下来果实，更不应将其摇落而造成摔伤。如顶部果实采摘困难时，可采用“长把采果器”或“多功能高枝剪”将果实轻轻采下，缓缓放入果箱中。这两种工具不损伤果柄，使用灵活方便，工作效率较高。

第三节　采后处理

苹果采后处理包括分级、清洗、打蜡等。经过处理后的苹果，果实表面光洁，果体大小均一，色泽度基本一致，商品性明显提高，常温保鲜期大大延长，满足市场对高档苹果的需求，同时亦可提高销售价格，增加生产者和经营者的经济效益，提高市场竞争力。

一、分级

分级就是将收获的果实，根据形状、大小、色泽、质地、成熟度、机械损伤、病虫害及其他特性等，依据相关标准分成若干整齐的类别，使同一类别的果实规格、品质一致，均一性高，从而实现果实商品化。以达到适应市场需求，有利于贮藏、销售和加工，达到分级销售，提高销售价格，满足不同层次消费者的需要。

（一）分级标准

执行2001年2月12日《中华人民共和国农业部发布的苹果外观等级标准NY/T439-2001》标准。也可按要进入的目标市场的等级标准进行分级。鲜苹果一般按果形、色泽、鲜度、果梗、果锈、果面缺陷等方面进行分级。出口苹果主要按果形、色泽、果实横径、成熟度、缺陷和损伤等方面分为AAA、AA和A三个等级。各等级对果个的要求是大型果横径不低于65毫米，中型果不低于60毫米。

（二）分级方法

人工分级就是果实大小以直径为准，用分级板分级。分级板上有直径分别为80毫米、75毫米、70毫米和65毫米规格的圆孔，分级时，将果实按直径大小（能否通过某个等级圆孔）分成1、2、3级。果形、色泽、果面光洁度等指标完全凭目测和经验判断。这种分级方法掺入了主观因素，准确度低，果实损伤多，劳动成本高，经济效益低，现已无法适应国内外市场的需求。

机械分级是利用果品分级机进行分级，具有分选准确、迅速、轻柔，减少机械损伤，果个、色泽、成熟度的均一性高等特点。

目前生产上应用的主要有：

（1）机械重量分级机。这种分级机包括数段可调重量分级区，每段移走符合该分级区重量指标的果实。先移走重的，后移走轻的。动作轻巧，分级准确，工作稳定。

（2）重量分级机。这种分级机靠重量单指标判定，精确可靠，对各种形状不规范苹果都能分级。

（3）可编程序的电子重量分级机。这种分级机主要由差动变压器、信息处理机和自动位移记录器组成。通过将苹果重量转换为差动变压器的输出功率，并同信息处理机中给定的电子参考值相比较来判定等级。不同等级苹果的称重范围是以信息处理机输入的相应数值来确定的。适用于大范围（8个级别以上）苹果分级需要。

（4）可编程序的光电分级机。这种分级机是在对苹果尺寸分级的基础上，再对苹果外观和着色率等进一步分级，是先进的现代化无伤痕作业设备。

二、洗果、打蜡

（一）洗果

采用浸泡、冲洗、喷淋等方式水洗或用毛刷等清除果实表面污物、病菌，使果面卫生、光洁，以提高果实的商品价值。套袋苹果由于果面洁净可不必洗果。

（二）打蜡

在果实的表面涂一层薄而均匀的果蜡，也称涂膜，果面上涂的果蜡是可食性液体保鲜剂，经烘干固化后，形成一层鲜亮的半透性薄膜，用以保护果面，抑制呼吸，减少营养消耗和水分蒸发，延迟和防止皱皮，抵御病菌侵染，防止腐烂变质，从而改善苹果商品性状。更重要性的是增进果面色泽，美观漂亮，提高商品价值。涂蜡剂种类主要有石蜡类物质的乳化蜡、虫胶蜡和水果蜡等。

第四节　预　冷

采后苹果带有大量田间热，果实温度较高，呼吸旺盛，如不及时降温，会加速成熟和衰老，降低食用品质，缩短贮藏期。因而预冷是尽快降低水果采摘后温度的操作方法，是冷链流通的第一环。

常见的预冷方式有自然降温冷却、室内冷却、通风冷却、水冷却、冰冷却、真空冷却等。苹果采摘后较适宜的预冷方式为室内冷却、通风冷却和水冷却，其中后两种预冷方式需要购置相应的配套设备。室内冷却是直接将苹果置于冷藏库中以降低品温的方法，虽然操作简便、投资较少，但预冷时间长，对需要长期贮藏苹果的品质有一定的影响。

一、通风冷却法

通风冷却是在具有较大制冷能力和送风量的冷库或其他设施中，用风机直接冷却装在容器中水果的方法。由于空气流动量大，能快速降低水果的品温，且具有预冷后直接进入贮藏阶段的优点。通风冷却的装置常用的有天棚喷射式和压差通风式，其中天棚喷射式预冷技术投资少、效果好，适合苹果的采后预冷。压差通风式是把冷空气引入果蔬产品的箱子内流动从而快速降温的方法。苹果采收后可直接放置于塑料物流箱或专用压差预冷箱中，按一定排列方式排列放入压差通风预冷室，使预冷箱的两侧形成一定的静压差，迫使冷风在预冷箱间流动而使苹果冷却。

通风冷却法具有投资少、能耗少、冷却费用低的优点，但是容易产生干耗。因此，在通风冷却的房间内应采用适当的加湿方法，保持空间内的相对湿度约90%—95%，当苹果品温达到3—5℃即可完成预冷操作。

二、水冷却法

水预冷法是用0—3℃的冷水为介质，通过与果蔬产品直接接触，依靠热传导使产品降温的方法。水预冷按照水果与水的接触方式不同，分喷淋式、浸泡式、冲水式等。按操作方式不同，可分为连续式和分次式。苹果较适合采用连续式水冷，将其置于塑料物流箱中放置于传送带上，根据预冷出口苹果的品温调节传送带速度，通过冷水喷淋或浸泡降低苹果的品温。

与通风预冷相比，水预冷不会造成产品的干耗，但冷却水通常循环使用，易导致水中腐败微生物的累积，因此应该在冷却水中加入一些化学药剂，减少病原微生物的交叉感染。同时，冷却水中也可以加入其他预防苹果病害的化学药剂，如预防虎皮病的二苯胺等。

第五节　包装与运输

一、包装材料

要求卫生、美观、高雅、大方、轻便、坚固，有利于贮藏堆码和运输。

纸箱。一种是瓦楞纸箱，造价低，易生产，但纸软，易受潮，可做短期贮藏或近距离运输用。另一种是由木纤维制成的纸箱，质地较硬，可做长期贮藏和远距离运输用。

钙塑瓦楞箱。用钙塑瓦楞板组装成不同规格的包装箱，轻便、耐用、抗压、防潮、隔热，虽然造价高，但可反复使用，成本亦可降低。

竹藤制品。造型精美的竹筐、藤筐、篮子作为高档礼品包装容器使用。

包装软纸、发泡网、凹窝隔板等也已投入使用，效果很好。

二、包装技术

经过人工或机械分级、清洗和打蜡过的苹果，要进行包装。作为长期贮藏的苹果，可在包装后入库冷藏，或洗果打蜡后，先放入周转箱内贮入冷库，待出库销售前再进行包装。

包果时，先将果梗朝上（果梗已用果梗剪剪过），平放于包装纸的中央，先将纸的一角包裹在果梗处，再将左右两角包起来，向前一滚，使第4个纸角也搭在果梗上，随手将果梗朝下平放于包装箱（盒）内。要求果间挨紧，呈直线排列，装满1层后，上放一层隔板或垫板，直至装满，盖上衬垫物后加盖封严，用胶带封牢或用封箱器捆牢。

在每个包装箱（盒）内，必须装同一品种、同一级别的苹果，不能混装。相同规格的包装箱（盒）内，装入同一级别的苹果，而且果个数要相同，其果实净重误差不超过1%。

在每个包装箱（盒）和外包装箱上要填明品种、产地、重量、个数（盒数）、级别等。包装箱（盒）和外包装箱应具有坚固抗压、易搬运的性能，同时应美观、大方，还有广告宣传的效果。

三、运输

运输是果品流通中的一个重要环节。尽量做到快装、快运和快卸，注意轻拿轻放，减少机械损伤。

良好的运输效果除要求园艺产品本身具有较好的耐贮运性外，同时也要求有良好的运输环境条件。这些环境条件包括温度、湿度、气体成分、包装、振动状况、堆码与装卸等。

（一）温度

温度是运输过程中的重要环境条件之一。低温流通对保持水果新鲜度、品质及降低运输中的腐烂损耗十分重要。国外大都采用冷链运输，即水果从采收到上市一直处于低温状态。我国多数水果目前尚难以实现冷链流通。但随着冷库的普及，可以采取果实先预冷，预冷后采用普通保温车厢或普通货车用棉被等保温方式进行短期运输，也可达到良好的运输效果。如有条件，最好采用冷藏车（船）运输。易腐水果一般要求运输温度与贮藏适宜温度相同，或是稍高于贮藏温度。

（二）湿度

湿度对运输的影响相对较小。但是，长距离运输或是运输时间较长时，必须考虑湿度因素。果实出库后温度较低，有些包装物如纸箱极易吸潮变形，伤及果实。采用防水纸箱或包装内衬塑料薄膜，可有效防止果实失水，同时也可防止纸箱受潮。采用单果包纸或单果套塑料袋，或采用塑料泡沫保温箱包装，均可有效防止果实运输期间失水。

（三）气体成分

国外对有些水果采用气调集装箱运输，但是成本很高。对于较耐二氧化碳的水果，可采用塑料薄膜袋包装运输，也能达到较好的效果。但是，对二氧化碳敏感的苹果品种，应注意包装的通风。

（四）振动

收获后的水果仍是一个活的有机体，不断地进行着旺盛的代谢活动。运输过程中剧烈的振动会对新鲜的水果产生机械伤。机械伤对新鲜水果会产生极为不利的影响，如促使水果产生伤乙烯，进而快速成熟；而且，机械伤口极易受病原微生物感染，造成新鲜水果腐烂。因此，在进行新鲜水果运输时，一定要尽可能减少振动。

（五）堆码方式

果品运输时，堆码与装卸是必不可少并且非常重要的环节。在堆码前，要对运输工具如水路运输的船舱等进行清洗，必要时还应消毒杀菌，并应尽量避免与其他不同性质的货物混装。合理的堆码，除了应减少运输过程中的振动外，还应保持产品外部良好的通风环境及车厢内部均衡的温度。

（六）卸车

产品运达目的地后，首要工作是尽快卸车，然后通过批发商或直接上市交易。我国目前卸车方法大多以人工为主。不过无论是机械卸车还是人工卸车，都应避免粗放、野蛮的操作。

第六节　冷　藏

一、适宜贮藏条件

（一）温度

苹果贮藏期随着温度的降低而延长。多数品种苹果冷藏适宜温度为-1℃—0℃，贮藏在这种条件下寿命可约延长1/4，比在4℃—5℃条件下约延长1倍。

（二）湿度

冷库贮藏和气调库贮藏，库内相对湿度应保持在90%—95%之间，依靠自然降温的贮藏场所如土窑洞、通风库等，贮温较高时（尤其是入贮初期和翌年春节过后），湿度不宜过大，否则会加重水果腐烂，通常应控制在85%—90%。采用塑料小包装或大帐等方式贮藏，一般不用考虑库内湿度。

（三）气体成分

适当提高贮藏环境中二氧化碳浓度，降低氧气浓度，可以有效抑制果实的呼吸强度和成熟，有利于果实硬度、酸度及底色的保持，并能明显减少病原微生物引起的病害和苹果虎皮病等生理病害的发生。对于多数苹果品种而言，适宜的气体成分为二氧化碳1%—5%，氧1%—3%。

二、主要贮藏方法

（一）土窑洞贮藏

窑窖贮藏是黄土高原地区传统的贮藏方式，可为苹果提供较理想的温度、湿度条件。窑内年均温度不超过10℃，最高月均温度不超过15℃；如在结构上进一步改善，在管理水平上进一步提高，可达到窑内年均温度不超过8℃，最高月均温度不超过12℃。国光、秦冠、富士等晚熟品种能贮藏到次年3—4月，果实损耗率只比通风库少3%左右。土窑洞加机械制冷贮藏技术，用在窑洞温度的调节管理上，克服了窑洞贮藏前后期高温对苹果的不利影响，可使窑洞贮藏苹果的品质达到冷库贮藏的效果。窑洞内装备的制冷设备应在入贮后运行2个月左右，当外界气温降到可以通过通风管理而维持窑内适宜贮温时，制冷设备即停止运行，待翌年气温回升时再开动制冷设备，直至果实完全出库。

（二）冷库贮藏

冷库贮藏已逐步成为我国苹果的主要贮藏方式，对鲜苹果的中长期供应起着重要作用。冷库贮藏苹果，鲜果采摘后应尽快入库预冷、入贮，满库后1—3天内降至要求的贮藏温度。

冷库内采用塑料薄膜袋或大帐简易气调贮藏，比单纯冷藏（裸果贮藏）贮期可延长1—2个月，且贮藏效果好于单纯冷藏，管理也更加方便（库内不用加湿，减少除霜次数）。薄膜袋贮藏的技术要点是：苹果下树后经初选直接装袋运入库内，薄膜袋厚度及装量与自然降温贮藏一致。采用透湿性较好的无毒聚氯乙烯袋贮藏，下树后直接扎口入贮，是实现苹果长期贮藏的最好方法。

（三）气调库贮藏

苹果是最适宜气调贮藏的水果之一。气调库贮藏比单纯冷藏的贮期可延长2—4个月，甚至更长。苹果贮后色泽鲜艳，风味好，货架期长，虎皮病等生理病害较少，属目前商业气调贮藏新进展，可进一步延长苹果贮藏寿命、提高贮藏质量，减少贮藏期间虎皮病等生理病害的发生。气调贮藏的适宜温度可比一般冷藏高0.5℃—1℃。目前，国外多数品种气调贮藏采用0-1℃或0-2℃，库内相对湿度为90%—95%。

三、库房管理技术要点

入库前应进行库房灭菌消毒并及时通风换气，入库时库房温度应预先降至0℃—2℃。根据不同包装容器合理安排货位、堆码形式和高度及货垛排列方式。走向及间隙应力求与库内空气环流方向一致。按品种分库、分垛、分等级堆码，为便于货垛空气环流散热降温，有效空间的贮藏密度每立方米不应超过250千克，箱装用托盘堆码允许增加10%—20%的贮量。为便于检查、盘点和管理，垛位不宜过大，入满库后应及时填写货位标签和平面货位图。

入库后要维持适宜贮

温，尽量减少温度波动。前期要利用夜间外温较低的条件，加强库房通风换气，使库内乙烯等有害气体及时排出。气调库则在果温接近0℃时封门调气，维持最适宜的温度和气调指标。要加强库房的温度管理，及时加湿，减少干耗。在贮藏中、后期，可适当减少通风换气时间，以维持稳定的库温。

苹果出库时，中期贮藏（4个月以上）的密度不低于5.5千克每平方厘米，长期贮藏（6个月以上）的密度不低于4.5千克每平方厘米。

运输工具要清洁卫生、无异味。不与有毒有害物品混运。装卸时轻拿轻放。待运时，批次分明、堆码整齐、环境清洁、通风良好。严禁烈日暴雨、雨淋。注意防冻、防热，缩短待运时间。

第七节　销　售

水果在市场上销售时，一定注意不要受阳光直射，应放置于阴凉通风的地方，必要时还应洒水增湿。在商场中销售的水果，可以制作一些特制的产品展示台或展示柜。展示的水果应充分体现该品种固有的特征，如色泽、大小、形状等。展台或展柜内的温度最好能够调节，以保持果品的新鲜度及延长展示时间。有些水果还需适当“整容”，如打蜡上光、采前贴字等。果品在展示台上放置时，应大小整齐，颜色搭配合理，满足人们的美感要求，增加吸引力。

参考货架期为：25℃条件下，无处理苹果的货架期为5—8天，上蜡处理苹果的货架期为20—30天；15℃条件下，无处理苹果的货架期为10—12天。

第六章 果园防灾减灾技术

第一节　果园晚霜冻害预防与灾后补救措施

晚霜冻害是严重威胁苹果生产的重大自然灾害之一，对果树的开花和坐果危害极大。因此，果农要充分认识寒流发生的客观性、霜冻发生的可能性和灾害性，提前做好果树霜冻危害防控应急技术措施所需的各项准备工作，绝不能存有侥幸心理而不作为。

一、晚霜冻害发生的规律和特点

严冬过后，落叶果树已解除休眠，各器官抵御寒害的能力锐减，特别当异常升温3—5天后遇到强寒流袭击时，更易受害。果树花器官和幼果抗寒性较差，花期和幼果期发生晚霜冻害，常常造成重大经济损失。花期霜冻，有时尚能有一部分晚花受冻较轻或躲过冻害坐果，依然可以保持一定经济产量，而幼果期霜冻则往往造成绝产。

果树花器官的晚霜冻害，往往伴随着授粉昆虫活动的降低和终止，从而降低坐果率。霜冻危害的程度，取决于低温强度、持续时间及温度回升的快慢等气象因素。温度下降速度快、幅度大，低温持续时间长，则冻害重。

二、主要果树各器官受冻临界温度

（一）苹果、梨

(1) 萌动芽 -8℃，6 小时死亡。

(2) 花蕾 -3.8℃至 -2.8℃（现蕾期 -7℃，柱头 -1℃，6 小时死亡）。

(3) 花 -2.2℃至 -1.6℃（-3℃，6 小时死亡）。

(4) 幼果 -2.2℃至 -1.1℃。

（二）桃

(1) 花蕾 -2℃至 -4℃。

(2) 花 -1.5℃至 -2℃。

(3) 幼果 -1.1℃。

（三）葡萄

(1) 萌动芽 -3℃至 -4℃。

(2) 嫩梢和幼叶 -1℃。

(3) 叶片 -1℃。

(4) 花序 0℃。

（四）樱桃

(1) 花蕾 -3.5℃至 1.7℃。

(2) 花及幼果 -2.8℃至 -1.1℃。

（五）杏

花 -2℃至 3℃。

三、各器官受害症状

1. 芽

萌动后遇霜冻，外形变褐色或黑褐色，不能膨大和萌发，而后干枯、脱落。

2. 花蕾和花

花蕾、花瓣、花冠变成褐色，呈水渍状。花药、柱头均变成褐色。落花、落果重，花期霜冻，中心花重于边花，边花重于腋花芽。

3. 子房、幼果

花后遇霜冻，子房最重，其次为花托和果皮；幼果期遇霜冻，果面凹凸不平，严重时成僵果。受冻轻微时，霜后1—2周大多脱落，但果心、种子已褐变。霜冻再晚些，幼果虽然发育，但果面上另生舌状、带状（称霜环果）锈斑，影响外观质量。

4. 叶片

嫩叶受霜害，轻者皱褶变小，重者外表皮坏死，呈豆粒状鼓起，硬脆易剥离，叶缘背卷；果枝、叶丛枝的莲座状叶严重受害脱落。新梢基部叶片同样受害，但中、上部的叶片基本正常。

四、果园晚霜冻害预防措施

（一）延迟萌芽、开花

延迟萌芽、开花是避免花期冻害的最有效措施。开花越晚，遭受花期冻害的概率和程度就越低。延迟萌芽、开花的措施如下。

1. 树干涂白

果树休眠期对树干、主枝进行涂白，不仅可以防病、防虫，而且可以反射光照，延迟树体温度回升，延迟萌芽、开花。

涂白剂配方：石硫合剂原液0.25千克、食盐0.25千克、生石灰1.5千克、动植物油少许、水5千克。

配制方法：将生石灰加水熟化，加

入油脂搅拌后加水制成石灰乳再倒入石硫合剂原液和盐水，充分搅拌即成。

2. 灌水

萌芽前灌水2—3次，可以延迟土壤温度回升，推迟萌芽、开花。

3. 喷施化学物质

萌芽前全树喷施250—500毫克/千克萘乙酸钾盐，可延迟萌芽；萌芽初期喷150—400毫克/千克脱落酸溶液或0.5%氯化钙，可推迟开花。

4. 树盘覆盖

树盘覆草20—30厘米，可减慢土壤升温，延迟萌芽、开花，结合灌水，效果更好。

（二）树冠喷水

根据天气预报，可在霜冻来临前一天下午或傍晚对树体进行喷水。夜间寒流袭来时，喷到果树上的水分在遇冷结冻时会散出潜热，使树体温度不致骤然下降，能减轻或防止晚霜危害，若喷洒0.3%—0.5%的蔗糖水溶液效果更好。

（三）喷防冻剂

在霜冻来临前2—3天，对树体喷施防冻液，如0.3%的磷酸二氢钾加0.3%尿素，或使用芸苔素内酯及氨基酸溶液等，可降低冰点增强抗性。

（四）遮盖＋煤炉加温

冻害来临前4小时左右，利用稻草、麦秆、草木灰、杂草、尼龙等覆盖树盘，视冷空气强弱在果园内合理放置蜂窝煤炉，内放煤球，及时点燃升温。既可防止外面冷空气的袭击，又能减少地面热量向外散失，增加小气候温度。

（五）吹风对流

在果园上空安装大功率鼓风机搅动空气，吹散凝集的冷空气，增强空气流通，可有效预防霜冻。

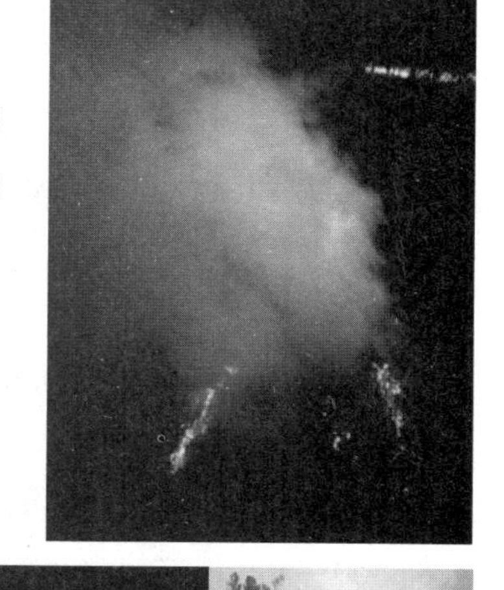

（六）果园熏烟

1. 利用锯末、麦糠、碎秸秆或果园杂草落叶等自制烟堆，交互堆积、压薄土层或使用发烟剂（2份硝铵，7份锯末，1份柴油充分混合，用纸筒包装，外加防潮膜）点燃发烟。烟堆置于果园上风口处，一般每亩果园4—6堆（烟堆的大小和多少随霜冻强度和持续时间而定）。薰烟程度依据气温而定，当气温低于-1℃开始，以暗火浓烟为宜，使烟雾弥漫整个果园。

2. 利用防霜冻烟雾发生器熏烟。一般是一组（2个）防霜冻烟雾发生器有效覆盖面积可达到3—4亩，大面积群防群治可达到5亩。

五、灾后补救措施

晚霜冻害过后，应立即采取以下措施。

（一）人工辅助授粉

为了减轻花期冻害带来的产量损失，无论果园受冻害程度大小，都要进行全园人工授粉，并选择喷施 0.3% 硼砂、芸苔素、天达 2116 等，提高坐果率。

（二）摘除残花

果树受冻后，花朵柱头或子房会发生褐变，失去授粉受精能力，变成残花，应及时摘除，以减少对树体营养的消耗。

（三）停止疏花，延迟定果

发生霜冻灾害的果园，应立即停止疏花，充分利用边花、弱花和腋花芽花坐果，保障坐果量。定果时间适当推迟，幼果坐定以后，应根据整个果园坐果量、坐果分布等情况进行一次性定果。定果时力求精细准确，要充分选留优质边花果和腋花果，必要时每花序可保留 2—3 个果实，以弥补产量不足，确保有良好的产量和经济效益。

（四）加强土肥水管理

灾后果树树体一般较为虚弱，需要及时增加养分，加之保留下来的花绝大部分是弱花和腋花芽花，要及时采取地面追肥和树上喷施的方法补施复合肥、硅钙镁钾肥、土壤调理肥、腐殖酸肥等，以利恢复树势，促进树体生长和幼果发育。

（五）加强病虫害防治

果树遭受晚霜冻害后，树体衰弱，抵抗力差，容易发生病虫危害。要及时检查、刮治腐烂病疤，并喷布 3% 的多抗霉素 800—1000 倍液或 4% 的农抗 120 水剂 300—400 倍液，防止病菌侵染。

第二节　果园雹灾预防与灾后补救措施

冰雹对果树的危害取决于雹块的大小、降雹强度和雹块下降的速度。冰雹发生的时间不同，对果树的危害也不同。晚春雹灾多发生于 4 月下旬前后，此时正值苹果幼果期，此时降雹会造成果实受损，部分叶片脱落破损，枝干砸伤。夏季降雹多发生于 7 月初，此时正值果实发育期，此时降雹轻则击坏果实，影响果实外光品质，重则击落幼果，造成产量下降，而且可能砸伤树叶、枝干，影响光合作用和花芽分化。尤其在果实膨大期，若遇到严重雹灾，则会造成全园果实毁于一旦，并且引发病害，影响第二年结果。

一、冰雹灾害前的预防措施：

（一）区划种植、避雹建园

在发展果业规划建园时，应在对当地冰雹发生特点、地形地貌和冰雹路径充分了解的基础上进行科学区划，避开冰雹易发地带选址建园。

（二）密切关注雹情

密切关注天气预报，尤其是雹情，以便及时采取防雹减灾措施。

（三）人工防雹

1. 果实套袋

果实套袋可有效减轻雹灾造成的损失。据调查，在雹灾发生时，套袋与不套袋相比，损失可降低 9.9%。

2. 搭建防雹网

防雹网可有效减缓冰雹下降的冲击力，起到保护果树的作用。

二、冰雹灾害后的补救措施：

（一）及时加强树体保护

剪除已折断或劈裂的新梢和枝干，把伤口剪平，缩小伤口面积，以利于愈合；疏除过密枝、徒长枝，保证树冠通风透光；摘除严重影响发育的重伤果和部分弱小的果实，以减轻负载量；保留受伤面积不大、程度较轻的幼果，确保损失降低最小。

（二）喷洒杀菌农药，避免病源从雹灾伤口侵入蔓延

由于风雹的袭击，新梢、叶片、枝干、果实等部位都易受不同程度的损伤，病菌极易侵入感染。常用的药剂有 80 大生 M45（800—1000 倍）、70%甲基托布津 1000 倍、12.5%烯唑醇 2000 倍液等。

（三）增施肥料，恢复树势

灾后要及时补充养分。一是地下追施二铵等肥料。二是结合喷药进行叶面喷肥，可选择 0.3%的尿素或 0.3%的磷酸二氢钾或氨基酸。

（四）加强果实的精细化管理

对没有损伤的果实全部套袋，进行精细化管理，最大限度降低损失。

第三节　果园涝灾应对措施

涝灾在运城市偶有发生，但对受灾果农来说危害极大。涝灾会造成果树黄叶、早期落叶、土壤板结、根系受损、树体和果实受病害严重侵染，以及花芽分化质量差、贮藏营养不足、徒长易发生冬季抽条、次年产量降低等危害。果农应高度重视，并采取以下措施。

一、对于受雨涝已经全园大面积植株死亡的果园应采取的措施

（1）应及时刨除死树，清除残根，对全园进行深翻晾晒，开挖定植沟，做好重建准备。

（2）新建果园时，采取起垄栽培建园模式，做好果园雨涝的预防工作。

二、对于受雨涝，部分或少量植株已完全死亡的果园应采取的措施

（1）应及时刨除单株死树，即可以及时清除残根，深翻晾晒，利于翌年重新栽植新树。

（2）郁闭园刨除后不再补栽。

三、对于受雨涝，已发生轻微萎蔫和落叶，但未死亡的植株应采取的措施

（1）应及时进行中耕松土，增加根系的透气性，以利于新根的产生。

（2）摘除或疏除树上的果实，全树剪去枯枝、病虫枝、密生枝、徒长枝等，并进行抹芽控梢，使树体通风透光，并降低叶片的蒸腾。

（3）结合病虫防治喷施叶面肥，如 0.3% 尿素液加 0.3% 磷酸二氢钾液，保护好叶片，使根部养分能得补充，以恢复树势。

（4）9 月，应提早施用有机肥、促发新根。

（5）落叶前连续喷施 1%、2% 和 5% 的尿素，促进养分回流，增加树体的贮藏营养，提高树体对冬季低温的抗性，避免次生灾害的发生。

四、对于受雨涝影响较轻，叶片发育正常的果园

（1）树下进行树盘划锄，降低土壤湿度，改善果树根系的透气状况，恢复根系的生长。

（2）树上做好果园的病虫害防治，防止早期落叶。

（3）叶面喷肥，促进叶片枝条发育和花芽分化。

（4）对于长势偏旺、秋梢多的植株，可喷布 PBO 等控制秋梢旺长。

（5）待树势恢复后，也应采用提早施用基肥、落叶前喷施尿素等方式促进养分回流，增加树体贮藏营养，提高植株对冬春低温的抗性。

五、对于未结果的幼旺树

采用拉枝、扭枝等措施或者喷 PBO，控制旺长，使其早停止生长，充实枝条，增加贮藏营养，防止冬春抽条与冻害。

第四节　高温干旱应对措施

一、持续高温天气对果树的影响

（1）大气干燥极易引起枝干或果实日灼、叶片干枯高温，加快土壤水分蒸发，降低土壤墒情，出现干旱。高温干旱不仅会使果树叶片气孔不闭合，加剧枝叶水分蒸发散失，直接影响幼果发育，导致生理落果现象发生，而且会降低果树光合作用（光合作用最适温度25℃—30℃），增大果树呼吸强度，减少有机营养合成和积累，还常引起枝干和果实日灼。连阴雨过后，天气骤然放晴，叶片蒸腾量加大，但根系会因水分过多而缺氧或窒息，吸水困难，水分供应不上，致使叶片缺水遇到高温干枯。这种现象清耕果园较重，生草果园较轻。

（2）加重白粉病、叶螨、潜叶蛾等病虫危害。

（3）影响花芽分化。

果树花芽分化期适宜温度范围一般为20℃—27℃。30℃以上的持续高温天气会加速植株蒸腾，破坏树体水分和养分代谢活动，营养积累大于呼吸消耗，严重影响花芽分化的数量和质量。

（四）影响果实着色

嘎啦等苹果着色期，适当低温和降水能加速叶绿素的分解并增加花色素合成。据观察，嘎啦苹果脱袋后，若白天气温在30℃以上、夜温在20℃以上，则呼吸消耗加剧，花青素合成受阻，影响着色，夜温低于20℃，昼夜温差达到10℃以上，则糖分高、上色快。

二、应对措施：

（1）土壤管理——树盘盖草或果园生草。在高温干旱时，盖草可降低地温7℃以上，防止日灼发生和控制杂草生长，起到保水保肥的作用，提高防旱能力。树盘盖草一般常用稻草、麦秸、干杂草等切成10—15厘米长，覆盖厚10—15厘米，可沿树盘范围1.5—2.5米覆盖。

（2）叶面喷肥，增加叶片细胞液浓度，增强抗旱性。

（3）水分管理——分冠交替灌溉。这是防止高温干旱危害果树的重要措施之一。果树生长过程中离不开水。据试验表明：梨、苹果等果树每平方米每小时可蒸发40克水，如低于10克水，将会引起旱害。

高温时禁止全园大水漫灌，防止根系缺氧窒息，造成叶片缺水导致干枯。如遇土壤过度干燥，叶面出现卷曲发黄时，应及时分冠灌水，以预防高温干旱危害果树。灌水时间宜在傍晚至早晨，灌完为止，晴天一般每隔7—10天灌透水一次，遇雨停灌。也可傍晚给果树喷水，以降低树体温度，改善果园小气候。

（4）科学用药——均匀、周到、细致。高温时段果树用药2个禁忌：高温喷药、药液浓度过高。

药液量控制在200—250千克/亩。

喷药要全面，树体与果园周边及地面都要喷到。改喷枪用喷头，背面喷药。用药时间下午温度降到30℃以下用药。

（五）搞好夏季修剪，通风降温，减轻日灼与干叶。

第五节　风灾应对措施

大风灾害会造成果面损伤、落果、落叶、折枝等现象，会给果农造成经济损失。灾害发生后，果农应高度重视，并采取以下措施。

一、保树

对被风刮倒的树，要尽快摘除伤果，减轻树体负荷，趁墒扶正。

（1）倒伏较轻的幼树应及时扶正。扶正过程中，动作宜从缓从轻；扶正后再培土踏实，防止松动，并在树干旁设立柱支撑。

（2）对成龄大树劈裂但未折断的大枝要进行相应的回缩及疏剪；对已断裂的大枝要及时锯除，伤口涂抹药剂保护，防止或减轻病虫害的侵染与发生。

（3）倒伏严重或树干有局部断裂的植株扶正要分步实施，首先将其扶起至80°左右并用木棍支撑，避免与植株倒伏方向相反的根系再受损，待落叶前后浇一次透水，再行完全扶正。

（4）受灾果园普追一次氮磷钾复合肥，同时叶面喷施0.3%—0.5%尿素溶液和同浓度磷酸二氢钾溶液，以补充树体营养，促进恢复树势。

二、保果

及时喷布1—2次杀虫杀菌剂，防止灾后果园次生病虫害的发生。

三、保设施

对矮砧苹果示范园刮倒的支架、刮歪的树体进行扶正、加固，努力恢复原状。

四、保利益

对破袋的苹果等进行重新套袋，同时将落果收集起来，按次果进行销售，尽可能地挽回损失。

五、保通畅

对受灾果园的枯枝、落叶、落果等及时进行清理，保证通风透光，减少果园病虫害发生。

第七章 果园病虫害防控技术

第一节　绿色安全病虫防治

一、红蜘蛛

（一）症状

为害初期叶部症状表现为局部褪绿斑点，后逐步扩大成褪绿斑块，危害严重时，整张叶片发黄、干枯，造成大量落叶、落花和落果。

（二）防治措施

(1)保护害虫天敌。保护果园内自然天敌，如捕食螨、小花蝽等。

(2)药剂防治。早春果树发芽前喷3—5波美度石硫合剂，发芽后至卵孵化期前可以喷施噻螨酮或四螨嗪，消灭越冬卵。果树生长期当每叶平均达到5—6头活动螨时，及时喷施杀螨剂，如阿维菌素、哒螨灵、螺螨酯、噻螨酮、四螨嗪。

二、蚜虫

（一）症状

被害叶片的叶尖向叶背横卷，影响新梢生长，严重时会造成树势衰弱。

（二）防治措施

(1)天敌防治。蚜虫的天敌有瓢虫、草蛉虫、食蝇蚜等，麦收后应减少果园喷药，保护蚜虫天敌。

（2）药剂防治。果树休眠期喷3—5波美度石硫合剂，杀灭越冬卵。虫口密度大喷施吡虫啉、啶虫脒、烯啶虫胺、阿维菌素、丁硫克百威、高效氯氰菊酯。

三、苹果小卷蛾

（一）症状

幼虫为害果树的芽、叶、花和果实。小幼虫常将嫩叶边缘卷曲，并吐丝卷合树叶。大幼虫会将2—3张叶片缠在一起，卷成“饺子”状虫苞，并取食叶片成缺刻或网状。将叶片卷贴果上，啃食果皮，受害果实上被啃食出形状不规则的小坑洼。

（二）防治措施

（1）人工摘除虫苞，释放赤眼蜂，2.5万头/亩；

（2）进行果实套袋。

（3）药剂防治。喷施氯虫苯甲酰胺、虱螨脲、阿维菌素、高效氯氰菊酯、高效氯氟氰菊酯。

四、食心虫

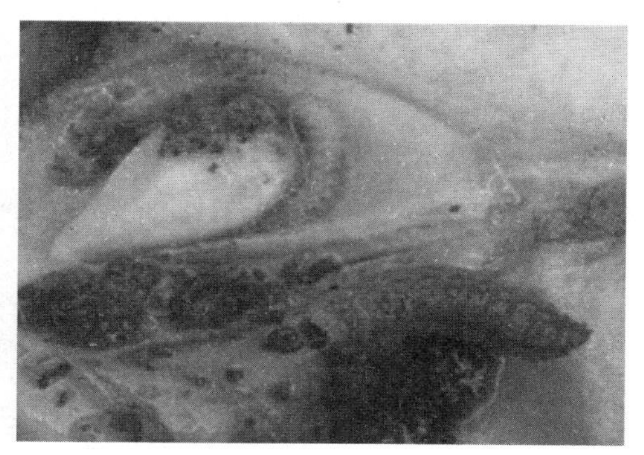

（一）症状

被害果果面有针头大小的蛀（入）果孔，由孔流出泪珠状汁液，幼果被害后，生长发育不良，形成凹凸不平的“猴头果”。

（二）防治措施

（1）套袋保护。在成虫卵前对果实进行套袋保护，在套袋果园内该虫害已不成问题。

（2）春季用糖醋液或诱虫灯杀虫，用成虫产卵器释放赤眼蜂。

(3)羽化高峰期喷阿维·茚虫威、氯虫苯甲酰胺、高效氯氰菊酯、氰戊菊酯、甲氰菊酯。

五、褐斑病

（一）症状

苹果褐斑病主要危害叶片，其次是果实和叶柄。叶片发病后期病斑中央变黄，周围仍保持绿色晕圈，且病叶容易脱落。

（二）防治措施

(1)合理修剪，注意排水，改善园内通风透光条件。

(2)清除落叶及残留病枝、病叶，集中烧毁。

(3)喷药保护。一般5月中旬开始喷药，隔15天1次，共3—4次。常用药剂有波尔多液（1∶2∶200）、70%甲基托布津可湿性粉剂800倍液、70%代森锰锌可湿性粉剂500倍液、75%百菌清可湿性粉剂800倍液等。注意在幼果期喷用波尔多液易产生果锈。

六、斑点落叶病

（一）症状

苹果斑点落叶病主要危害叶片，叶上产生褐色至深褐色圆形斑，随着气温的上升，病斑呈深褐色，有时数个病斑融合，成为不规则形状，影响叶片正常生长，常造成叶片扭曲和皱缩，病部焦枯。

（二）防治措施

重点保护早期叶片、立足预防。第一遍药应在5月中旬喷洒，7天后喷第二遍药。6月、7月、8月中旬再各喷一遍药。常用70%代森锰锌可湿粉400—600倍液，或10%多环丝氨酸可湿粉1000—1500倍液，或50%扑海因可湿性粉1000—1500倍，或80%大生（代森锰锌）可湿粉1000—1200倍，也可用90%三乙磷酸铝可湿粉1000倍液，注意多药交替使用。

七、炭疽叶枯病

（一）症状

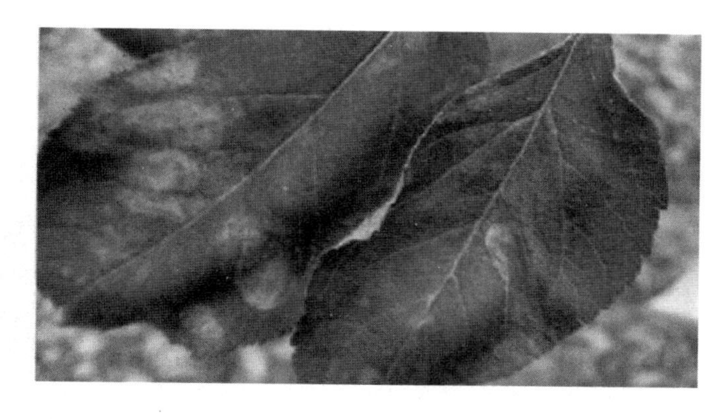

初期症状为黑色坏死病斑，病斑边缘模糊。在高温高湿条件下，病斑扩展迅速，1—2天内可蔓延至整张叶片，使整张叶片变黑坏死。发病叶片失水后呈焦枯状，随后脱落。

（二）防治措施

坚持治疗剂和保护剂交替使用，治疗性杀菌剂包括25%吡唑醚菌酯乳油、75%戊唑醇，保护性杀菌剂包括波尔多液（1∶2∶200）、70%代森联水分散粒剂等。3月喷一遍高浓度的波尔多液；7月以后以波尔多液为主体，中间交替使用保护性杀菌剂和内吸性杀菌剂。

八、腐烂病

（一）症状

主要有溃疡型和枝枯型。溃疡型发病初期病部红褐色，稍隆起，组织松软，有酒糟味，常流出黄褐色汁液。后期病部失水下陷，长出黑色小点（分生孢子器），雨后小黑点上溢出金黄色的丝状或馒头状的孢子角。枝枯型多发生在2—4年生小枝上。病部扩展迅速，常呈现黄褐色与褐色交错的轮纹状斑。春季发病的枝枯型斑，病部以上枝条很快干枯，后期病部也长出许多黑色小粒点。

（二）防治措施：

加强栽培管理，增强树势，提高树体抗病力。

（1）合理负载、疏花疏果。

（2）修剪当天对剪锯口进行药剂消毒，可涂甲硫萘乙酸或腐轮4号。

(3)喷药防病。苹果树发芽前（3月）和落叶后（11月）喷施铲除性药剂，可选用45%代森胺水剂300倍液。

(4)病斑刮治：①无论任何季节，见到病斑要随见随治，越早越好。②将病斑刮净后，对患处涂抹腐轮4号或甲硫萘乙酸。

(5)合理施肥，提倡秋施有机肥。

九、轮纹病

（一）症状

苹果轮纹病主要发病区在枝干、果实上，在枝干上发病以皮孔为中心，病斑整体呈褐色或暗褐色，圆形，初期症状表现为小溃疡斑，稍隆起呈疣状，发展速度较快，并前后传染，逐渐发展较为密集，后期随着病状不断加深，溃疡部位脱水。

（二）防治措施

（1）刮除病斑或病瘤后要及时涂药，可选用甲硫萘乙酸或腐轮4号等，清理枯死枝。

（2）生长喷药波尔多液（1∶2∶200）、甲基硫菌灵、苯醚甲环唑、代森锰锌、多菌灵、氯硅唑、戊唑醇等，根据情况选择以上药剂并交替使用。

（3）套袋果实。防治关键，在于套袋前禁止喷施代森锰锌和波尔多液等药剂。

第二节　运城市苹果病虫害绿色防控周年管理历

一、萌芽前

（一）主要防治对象

枝干轮纹病、腐烂病等。

（二）防治药剂或措施

（1）彻底刮治腐烂病疤，病患边缘刮成立茬，刮后用甲硫萘乙酸或腐轮4号涂抹。

（2）刮掉枝干轮纹病粗翘皮，涂抹轮纹终结者或腐轮4号。

（3）清除果园内及周边的落叶、杂草，刮落下的病斑、瘤皮、翘皮，修剪下来的枝条等，应集中销毁。

（三）备注事项

剪除当天剪锯口应涂抹愈合保护剂。

二、花芽露白期

（一）主要防治对象

腐烂病、干腐病、金龟子、棉蚜虫等。

（二）防治药剂或措施

（1）建议全园喷施3—5波美度的石硫合剂，或25%丙环唑乳油液+45%高氯乳剂。

（2）使用频振式杀虫灯，诱杀金龟子等害虫。

（3）根茎土壤施肥枪注射棉蚜净药液，铲除苹果棉蚜。

(三）备注事项

当上一年度雨水多或枝干病害严重时，可考虑高浓度的波尔多液（硫酸铜∶生石灰∶水=1∶0.5-1∶100）；雨水特别多的年份，入冬前可喷施高浓度的波尔多液，花芽膨大初期可喷石硫合剂。

三、花露红至花序分离期

(一) 主要防治对象

白粉病、锈病、卷叶蛾、潜叶蛾等。

(二) 防治药剂或措施

（1）全园喷施一遍药剂，杀菌剂主要选用具有内吸治疗效果好的三唑类药剂，防治白粉病和锈病；杀虫剂主要选用对卷叶蛾、潜叶蛾的越冬幼虫具有高效广谱性且对蜂类低毒或持效期较短的杀虫剂，如20%氯虫苯甲酰胺、5%甲维盐等。

（2）绑扎金纹细蛾、梨小食心虫迷向丝。

（三）备注事项

（1）补施中微量元素（硼、锌等）。

（2）混加芸苔素内酯等诱抗剂，预防花期霜冻害、增加树体的抗逆性。

（3）三唑类药剂主要包括苯醚甲环唑、戊唑醇、丙环唑、三唑酮、晴菌唑、已唑醇（桃不再登记使用）、氟硅唑、烯唑醇、氟环唑、三唑醇、戊菌唑等。

四、中心花谢花70%—80%

（一） 主要防治对象

霉心病。

（二） 防治药剂或措施

喷施多抗霉素、10%苯醚甲环唑、50%异菌脲、25%吡唑醚菌酯等药剂，并兼治锈病和白粉病。

（三）备注事项

上年霉心病严重的果园，注重防治。

（1）花期遇雨考虑广谱性的内吸治疗剂，如苯醚甲环唑、吡唑醚菌酯、苯醚甲环唑等。

（2）补施中微量元素（硼、锌、钙、铁等）或优质的叶面肥。

五、谢花后7天注意事项

（一） 主要防治对象

蚜虫、叶螨、绿盲蝽、斑点落叶病、卷叶蛾等。

（二）防治药剂或措施

（1）喷施10%苯醚甲环唑水乳剂+22.4%螺虫乙酯悬浮剂+10%联苯菊酯。

（2）悬挂苹小卷叶蛾、绿盲蝽的诱捕器。

(三）备注事项

没有绿盲蝽发生的果园不必加联苯菊酯。上一年表现缺乏中微量元素（硼、锌、钙、铁）的果园，根据缺失情况，应在防治药液中适当混加优质的叶面肥。

六、谢花后10—15天注意事项

（一）主要防治对象

锈病、卷叶蛾。

（二）防治药剂或措施

（1）杀菌剂宜选用对锈病菌高效的内吸治疗性药剂，如苯醚甲环唑、肟菌酯、戊唑醇等三唑类杀菌剂，并兼治白粉病、斑点落叶病、霉心病等。

（2）杀虫剂应针对卷叶蛾选择对各种天敌杀伤作用较小的特异性杀虫剂，如甲氧虫酰肼、氯虫苯甲酰胺等，兼治棉铃虫、潜叶蛾等鳞翅目害虫。

(三)备注事项

不建议使用拟除虫菊酯类、有机磷类等广谱性杀虫剂，以防杀伤天敌，导致红蜘蛛和蚜虫的种群数量急速增长，造成严重危害。

七、谢花后25—35天注意事项

（一）主要防治对象

山楂红蜘蛛、绣线菊蚜。

（二）防治药剂或措施

（1）杀螨剂主要针对山楂红蜘蛛选择长效的杀螨剂，如螺螨酯、三唑锡等。

（2）杀虫剂主要针对苹果棉蚜和绣线菊蚜选择具有内吸传导性的杀虫剂，如螺虫乙酯、噻虫嗪等，兼治各种蚧壳虫。

（3）绑扎桃小食心虫迷向丝。

（4）释放捕食螨、瓢虫等天敌。

（三）备注事项

当遇到10毫米以上的降雨或浇水后，或上年8—10月份采收期蛀果率超过5%的果园，地面喷洒或土施斯氏线虫、BT乳剂、白僵菌或辛硫磷等，防治桃小食心虫的越冬出蛰幼虫。

八、花芽分化始期

（一）主要防治对象

炭疽叶枯病、褐斑病、斑点落叶病等早期落叶病和红蜘蛛、金纹细蛾、食叶毛虫等害虫。

（二）防治药剂或措施

（1）雨前喷施波尔多液，重点防治炭疽叶枯病，两次波尔多液之间（1个月）穿插1—3次对轮纹病、炭疽病、褐斑病、炭疽叶枯病和煤污病等高效的内吸治疗性杀菌剂，如吡唑醚菌酯等甲氧基丙烯酸酯类、戊唑醇或苯醚甲环唑等三唑类，或者甲基硫菌灵等苯并咪唑类杀菌剂。

（2）喷施针对链格孢菌防治效果较好的药剂，如多抗霉素、异菌脲等，防治果实斑点病和斑点落叶病，兼治轮纹病、炭疽病、腐烂病等。

（3）降雨前喷施倍量式波尔多液200倍液，预防各类病害。喷施24%虫螨腈用以防治桃小食心虫、红蜘蛛。

（三）备注事项

（1）及时剪除枝条天牛危害枝条，人工防治桑天牛幼虫或捕捉天牛成虫。

（2）特别干旱的年份，可以免喷杀菌剂。

（3）降雨量超过5毫米的连续降雨后，应针对褐斑病，选择高效的内吸性治疗剂，如戊唑醇、苯醚甲环唑等三唑类杀菌剂，同时兼治轮纹病、炭疽病、锈病和腐烂病等。

（4）预防是防治炭疽叶枯病的关键，发病后使用三唑类杀菌剂会加重落叶。

九、果实膨大期

（一）主要防治对象

食心虫类、螨类。

（二）防治药剂或措施

（1）可选用对桃小食心虫和螨类都有较好防治效果的拟除虫菊酯类药剂，如甲氰菊酯、甲维盐等；杀菌剂选用对褐斑病高效并兼治轮纹病和炭疽病的内吸治疗剂。

（2）树干绑扎诱虫带（集虫板）或草把，诱杀叶螨、介壳虫等。

（三）备注事项

（1）根据实际情况补充喷施磷、钾肥料。

（2）雨季防治各种病害，喷施倍量式波尔多液和45%高氯乳剂1000倍液，兼治桃小食心虫和梨小食心虫。

十、果实着色期

（一）主要防治对象

食心虫类、卷叶蛾类。

（二）防治药剂或措施

（1）杀虫剂可选用对桃小食心虫高效且兼治金纹细蛾等潜叶蛾的药剂，如甲维盐与昆虫生长调节剂类杀虫剂的混配药剂。

（2）及时摘除病虫果，并集中处理，以降低果园内的病虫基数；摘除紧贴果面的叶片，防止苹小卷叶蛾钻蛀啃食果面。当钻蛀啃食果皮的苹小卷叶蛾幼虫的数量超过百果1头时，可选择高效的拟除虫菊酯类药剂。

（三）备注事项

同“9.3”。

十一、落叶前

（一）主要防治对象

腐烂病等枝干病害。

（二）防治药剂或措施

第三节　果园石硫合剂熬制使用技术

石硫合剂，是由生石灰、硫黄粉和水按一定配比熬制而成的液体剂型无机硫制剂。其原液呈深红棕色，具有臭鸡蛋味，强碱性，主要成分是多硫化钙和部分硫代硫酸钙，可溶于水。石硫合剂具有较强的渗透和侵蚀病菌细胞壁与害虫体壁的能力，可防治白粉病、锈病、红蜘蛛、介壳虫等多种病虫害。其稀释液毒性中等，低残留，不污染环境。

一、熬制方法

（一）原料与比例

石硫合剂是由生石灰、硫黄和水熬制而成，三者比例是1∶2∶10，称量各材料所需实际用量（如生石灰12.5千克、硫黄25千克、水125千克）。

（二）熬制方法

（1）提前将硫黄粉用温水拌匀。硫黄粉不溶于水，要防止导入锅中充满气泡。

（2）大锅水煮开，倒入事先称量好的石灰，充分化开石灰。捞出石灰残渣，再向锅内补充相应重量的石灰残渣。然后加足量水，将锅烧开。

（3）把事先用少量热水调制好的硫黄糊由锅边慢慢倒入，同时不断开锅，不断搅拌，记下水位线，然后加火熬煮。期间不断少量补充蒸发后的失水量（切忌大量补充）。

（4）从加入硫黄开锅算起，熬40分钟，到1个小时（期间需要不断搅拌）。当锅中溶液呈深棕红色、渣子呈黄绿色时，停止加热。冷却过滤或沉淀后，上清液即为石硫合剂母液。

（5）母液颜色应为红褐色透明液体，母液浓度一般应在18—29波美度，为合格药品。波美度越高，质量越好，反之则质量越差。波美度低于18时，不能作为药品使用。其中母液波美度在18—22的石硫合剂为三等品，波美度在22—26的石硫合剂为二等品，波美度在26—29的石硫合剂为一等品。

（三）稀释与使用

目前果树生产中，石硫合剂是唯一的一种廉价广谱杀菌杀螨杀虫剂。在使用时注意药液浓度要根据果树种类、病虫害对象、气候条件、使用时期等不同而定，浓度过大或温度过高易产生药害。

（1）使用时的兑水倍数计算：兑水倍数=（母液浓度-需要浓度）/需要浓度。

例如，母液25° Bé（波美度），需要5° Bé（波美度）计量，如何兑水？（25-5）/5=4（即需要兑4倍水），也可按照下表查看兑水倍数。

表 1　石硫合剂重量稀释倍数

需要浓度 / 稀释浓度 / 原液浓度	5.0	4.0	3.0	2.0	1.0	0.5	0.4	0.3	0.2	0.1	0.05	0.02
15	2.0	2.75	4.00	6.5	14.0	29.0	36.5	49.0	74.0	149.0	299	749
16	2.2	3.00	4.33	7.0	15.0	31.0	39.0	52.3	79.0	159.0	319	799
17	2.4	3.25	4.67	7.5	16.0	33.0	41.5	55.7	84.0	169.0	339	849
18	2.6	3.50	5.00	8.0	17.0	35.0	44.0	59.0	89.0	179.0	359	899
19	2.8	3.75	5.33	8.5	18.0	37.0	46.5	62.3	94.0	189.0	379	949
20	3.0	4.00	5.67	9.0	19.0	39.0	49.0	65.7	99.0	199.0	399	999
21	3.2	4.25	6.00	9.5	20.0	41.0	51.5	69.0	104.0	209.0	419	1049
22	3.4	4.50	6.33	10.0	21.0	43.0	54.0	72.3	109.0	219.0	439	1099
23	3.6	4.75	6.67	10.5	22.0	45.0	56.5	75.7	114.0	229.0	459	1149
24	3.8	5.00	7.00	11.0	23.0	47.0	59.0	79.0	119.0	239.0	479	1199
25	4.0	5.25	7.33	11.5	24.0	49.0	61.5	82.3	124.0	249.0	499	1249
26	4.2	5.50	7.67	12.0	25.0	51.0	64.0	85.7	129.0	259.0	519	1299
27	4.4	5.75	8.00	12.5	26.0	53.0	66.5	89.0	134.0	269.0	539	1349
28	4.6	6.00	8.33	13.0	27.0	55.0	69.0	92.3	139.0	279.0	559	1399
29	4.8	6.25	8.67	13.5	28.0	57.0	71.5	95.7	144.0	289.0	579	1449
30	5.0	6.5	9.00	14.0	29.0	59.0	74.0	99.0	149.0	299.0	599	1499
31	5.2	6.75	9.33	14.5	30.0	61.0	76.5	102.3	154.0	309.0	619	1549
32	5.4	7.00	9.67	15.0	31.0	63.0	79.0	105.7	159.0	319.0	639	1599
33	5.6	7.25	10.00	15.5	32.0	65.0	81.5	109.0	164.0	329.0	659	1649
34	5.8	7.50	10.33	16.0	33.0	67.0	84.0	112.3	169.0	339.0	679	1699
35	6.0	7.75	10.67	16.5	34.0	69.0	86.5	115.7	174.0	349.0	699	1749

二、注意事项

（一）生石灰质量要好

选用色白、小块、质优的石灰，含杂质多或风化的石灰不宜使用。一般要求含氧化钙要达 85% 以上，铁、镁等杂质要少。

（二）硫黄粉要细

在调制硫黄糊时，如硫黄粉有结团的先用手捏碎，再加少量热水，用力搅拌均匀。块状或粒状硫黄不宜使用，选用粉状（越细越好）硫黄粉为宜。

（三）水质要好

用干净的河水为宜，不宜用井水、泉水。

（四）配置比例准确

石灰与硫黄的配制比例要准，不宜过多或过少。

（五）熬制容器宜大

铁锅要大，便于搅拌；不能用铜质器具熬制，以免和硫黄起化学反应，造成损坏。

（六）火力强而均匀

在水未开锅时要大火猛烧，水开锅后要保持中火（药液要求中滚），熬制15秒后，药液有部分变成酱褐色，火要再小一点（药液要求小滚），使药液一直保持沸腾，但不外溢，然后一直保持到熬制结束。熬制时，要注意药液颜色的变化，变成红褐色时是正好的火候。如果加热不够，保持黄色；加热过量，则药剂的有效成分会遭到破坏，浓度反而降低，药效大减。“锅大、火急、灰白、粉细、一口气煮成老酱油色。”

（七）熬制时间适宜

熬制时间不宜过长或过短，一般石灰加入以后，熬煮40—60分钟即可。如果时间再延长，药剂的有效成分就要降低。因此，熬制时间应该看“药”的颜色，并不是越长越好。

（八）熬制过程需搅拌

熬制药剂时用木棍搅动是为了让锅中药液上下温度一样，配料混合反应均匀。而大多果农不知道搅动的目的，有的在熬制时猛力使劲搅动，殊不知由于大幅度搅动，让已形成的硫化钙（药液的有效成分）又与空气中的二氧化碳反应形成了碳酸钙等物质，而使药效降低；也有的在熬制时，不注意上下药液的搅动，延长了药液的反应时间。搅拌时如有溢出，稍加点食盐即可。食盐有增高沸点、减少泡沫的作用。

（九）熬制补水注意事项

熬制时先将药液深度（液面高度）做一标记，然后用热开水随时补入蒸发的水量，切忌加冷水或一次加水过多。大量熬制时可根据经验事先将蒸发的水量一次加入，中途不再补水。

（十）原液贮存注意事项

原液和稀释液与空气接触后都易分解，所以贮存原液时要在液面上加一层油（废机油、柴油、煤油都可以），再用塑料加盖坛或缸口更好，可使药液与空气隔离，防止氧化，延长贮存时间。稀释液不宜贮藏，宜随用随配。

（十一）波美比重计的使用

用波美比重计测量原液浓度时，必须在原液冷却后进行。否则容易把比重计烫裂、爆破，或测量度数不准。

（十二）喷施浓度及时间

药害的发生与喷布时期、果树种类和品种及当时的气候条件有密切的关系。施用石硫合剂时，气温越高，药效越好，但药害也往往越重。冬春低温，果树处于休眠期，药害不易发生，可用3—5波美度石硫合剂；花前花后可用0.3—0.5波美度石硫合剂；不同的作物、不同品种，对硫磺的敏感性差异很大，如桃、梨、葡萄等对硫磺比较敏感，使用时应降低浓度和减少喷药次数。

（十三）喷施操作规范

石硫合剂有中等毒性，会刺激皮肤，伤害眼睛，所以使用时不要沾到皮肤和衣服上；操作完毕后应立即冲洗喷雾器和皮肤。

（十四）混合使用禁忌

石硫合剂为强碱性，不能和忌碱药剂如代森锌等混用，也不能和含肥皂药剂、松脂合剂、石油乳剂及波尔多液等混用。

第四节　果园波尔多液配置使用技术

波尔多液是无机铜素杀菌剂，其有效成分为碱式硫酸铜。1882年法国人在波尔多城发现其杀菌作用，故名波尔多液。波尔多液是一种保护性的杀菌剂，具有以下优点：

1. 耐雨水冲刷，药效期长（15—20天）。

2. 杀菌谱广，病菌不会产生抗性。

3. 对植物安全，对人、畜低毒。

4. 微量的铜还能促进植物叶绿素的形成，促使叶色浓绿、生长健壮，提高树体抗病能力。

5. 是绿色、有机农产品的首选杀菌剂。

一、配置波尔多液原料选择

（1）生石灰的选择：选择质量较好的生石灰，同等体积重量轻的块状石灰较好。

（2）硫酸铜的选择：颗粒状，含水量低，含量98%以上，无杂质。

（3）水：尽可能用软水；井水要前一天准备好，温度接近气温。

二、配置方法（倍量式）

先配制石灰乳溶液：生石灰1千克，加水3千克（生石灰的3倍）；加总用水量的1/4到1/5，大约20—25千克，制成石灰乳溶液，过滤掉残渣。

配制硫酸铜溶液：硫酸铜0.5千克，加水75—80千克；

将硫酸铜溶液倒入石灰乳溶液中，单一方向不断搅拌。

三、注意事项

（1）苹果树对硫酸铜较敏感，要少用硫酸铜，多用生石灰。

（2）配制硫酸铜溶液不能选用金属桶，可以用木桶或塑料桶。

（3）石灰水量一定要少，硫酸铜水量要多，“浓灰稀铜”。

（4）石灰水与硫酸铜的温度要相当。

（5）倒的顺序一定是将稀硫酸铜溶液倒入浓石灰乳溶液，边倒边搅拌，搅拌必须按一个方向进行，慢倒快搅。

（6）配好后一般不加水稀释。

四、打药注意事项

（1）采用雾化喷头效果好。尽可能喷洒均匀，正面反面都要喷洒到。

（2）加大用水量，普通化学农药亩用水量为200千克，打波尔多液则亩用水量提高到300—400千克。

（3）为了防治后期果面上出现的黑红点病，对地面的落叶、杂草、植物残体上也要充分打药。

图书在版编目（C I P）数据

现代苹果生产技术 / 临猗县果业发展中心编．-- 太原：山西经济出版社，2022.6（2023.6 重印）
ISBN 978-7-5577-0998-3

Ⅰ．①现… Ⅱ．①临… Ⅲ．①苹果－果树园艺 Ⅳ．①S661.1

中国版本图书馆 CIP 数据核字（2022）第 091614 号

现代苹果生产技术

编　　者：临猗县果业发展中心
责任编辑：申卓敏
助理编辑：梁灵均

出 版 者：山西出版传媒集团·山西经济出版社
社　　址：太原市建设南路 21 号
邮　　编：030012
电　　话：0351-4922133　（市场部）
　　　　　0351-4922085　（总编室）
E-mail：scb@sxjjcb.com（市场部）
　　　　zbs@sxjjcb.com（总编室）

经 销 者：山西出版传媒集团·山西经济出版社
承 印 者：三河市天润建兴印务有限公司

开　　本：787mm×1092mm　1/16
印　　张：6.75
字　　数：121 千字
版　　次：2022 年 6 月　第 1 版
印　　次：2023 年 6 月　第 2 次印刷
书　　号：ISBN 978-7-5577-0998-3
定　　价：36.00 元